図解でよくわかる スマート農業のきほん

最新農業の基礎からドローン技術習得、
作業記録と生産管理、新規参入まで

誠文堂新光社

はじめに

スマート農業には、2つのメリットがあると言われています。1つは、農機の自動化・ロボット化の技術によって、労働力不足が解消されること。もう1つは、熟練農家の技術・ノウハウの継承です。

日本の農業は高齢化が進んでいて、就農人口のうち65歳以上が占める割合が60～70%にもなます。農家の戸数自体が減っているという問題もありますが、たくさんいらっしゃる熟練の方々がリタイアしていく一方で、新規就農者がなかなか増えてこないという現実があります。労働力不足の側面以外に、熟練農家の持っている大変貴重な技術・ノウハウが、ベテラン農家の方々がリタイアすることによって消えてしまう――これが非常に大きな問題です。

そういう方々が持つ知恵・ノウハウ、言葉にならない「暗黙知」も含めて、それらを「形式知（文章・図式で表せる知識）」としてきちんと継承していく、そういう仕組みをつくることが非常に重要です。

スマート農業は「データ駆動型農業」ともいいます。その特徴としては、「暗黙知の形式知化」「データに基づく農業の展開」が挙げられます。新たに農業に就こうとしている方々にとって、年に1～2作しかできない日本において、なかなか売れる農作物、おいしい農作物を低価格でつくっていくことは技術が必要で難しいことでした。技術の習熟までに時間がかかってしまった――これが就農の大きなハードルであり、また、新しい作物の栽培に踏み出す際の大きな障壁となっていました。

データを利用することで、10年以上かかっていた技術の習得が、短い年数でもある程度可能になります。データを利活用する仕組みがあり、また、その地域の農家の人たちに知識を共有できる仕組みがあれば、短い年数で技術を習得できるわけです。

これは新規就農の大きな動機になると思います。

農家の方々がトラクタなど農機に乗って作業するのではなくて、「経営者としての農業」にだんだん重点が移行する、それもスマート農業の大きな特徴です。農作業も重要なのですが、経営者として「何をつくるか」、「どこに売るか」を考えることに集中できる。「儲かる農業」を実践しやすくなる。それがスマート農業の特徴です。

これまで、生産現場でのメリットを中心にお話ししましたが、情報というのは、時間と空間をつなぐことで特色が出ます。「時間の領域でつないでいく」「空間の領域でつないでいく」の両方の側面がありますが、時間の側面では、生産にとどまらず、加工・流通・消費の場面で情報を活用できるようにすることも、情報を利用する農業の特徴です。今は「できたものを売る」ことを農家の方々は行っています。農業は自然環境の中で行っていますから、できたものを売る形式をとるのはしかたありません。

ただもし、情報が扱いやすくなり、消費動向などをおさえることができれば、「何が売れているのか。何をつくればいいのか」「何をどこに出荷するか」を世界の動向も含めて、データ（情報）に基づいて検討することができる――これは新しい技術の獲得にもつながるでしょう。

空間的な情報利用の点では、地域特産品をブランディングしていこうという時に、出荷時期の前倒し・延長であったり、できるだけ大きなロットで安定的に高品質なものを低価格で――「定時・定量・定価格」で提供していったりすることに有効です。そのためには地域連携を進めて産地リレーに取り組み、地域特産品の収穫時期を予測しながら収穫・出荷時期を調整していくことで計画的な出荷を可能にし、ブランド力を強化することにつながります。

情報に基づいた農業は、個々の農家の「軽労化」や「所得向上」につながるだけでなく、農業に基づいた地域の活性化にもつながっていきますし、新しいビジネス――物流などにも活用できるでしょう。

2020年10月　**野口　伸**

第1章 日本農業の課題

第2章 スマート農業研究と実用化の現状

第3章……農業データ連携基盤（WAGRI）

第4章…スマート農業の実証

第5章

今後のスマート農業の展開

最新トピックス……145

第1章

日本農業の課題

農業におけるSociety5.0 ～スマート農業

(内閣府 SIP の成果)

●農業の国家プロジェクト

現在、内閣府が進めている国家プロジェクトに「ＳＩＰ（戦略的イノベーション創造プログラム）」があります。ちょっと堅苦しい名称ですが、要は官民・府省・おのおのの研究分野を超えて科学技術革新をマネジメントし、基礎研究から実用化、さらには事業化まで一貫して研究開発を推し進めようとする事業です。その第１期は平成26～30（２０１４～２０１８）年度まで実施しました。

ＳＩＰ第１期では、海洋資源や構造材料、防災など、幅広い分野が網羅されています。その中の農林水産の分野が「次世代農林水産業創造技術」として実施されており、新しい技術に基づく、いわゆる「スマート農業」が掲げられました。

同時に、日本政府は「Ｓｏｃｉｅｔｙ５・０」という概念を提唱しています。これは日本が提唱した考え方で、今後目指すべき社会のひな型となるものです。人類の歴史を振り返ってみると社会は次のように発展してきており、おのおのＳｏｃｉｅｔｙ１・０～４・０と呼称しています。

①狩猟社会（Ｓｏｃｉｅｔｙ１・０）
②農耕社会（Ｓｏｃｉｅｔｙ２・０）
③工業社会（Ｓｏｃｉｅｔｙ３・０）
④情報社会（Ｓｏｃｉｅｔｙ４・０）

●Ｓｏｃｉｅｔｙ５・０が目指す社会

現代はＳｏｃｉｅｔｙ４・０と呼ばれる情報社会ですが、将来のＳｏｃｉｅｔｙ５・０はサイバー空間（仮想空間）とフィジカル空間（現実空間）を融合させたシステムを作り上げることで、経済発展と社会的課題を解決しようとする「人間中心の社会」とされています。

これだけだと何のことかわかりにくいと思いますが、例えば皆さんはインターネットで情報を探すことに苦労していないでしょうか？　確かにネットには多くの情報が集められていてアクセスすることでそれを手に入れることができますが、膨大な情報の中から必要な情報を探して選ぶこと自体が大きな労力となっています。また、必要な情報の検索や、見つけた情報が本当に必要なものか、正しいものかといった分析はそれを活用しようとする個々の能力にかかっており、人や組織でばらつきが出てしまっているのが現状です。

あるいは、現在の高齢化社会において、過疎地域に１人で住んでいる高齢者が十分な医療を受けたり、必要な生活物資を必要な時に手に入れたりすることができないということも、近年になって問題となっています。

Ｓｏｃｉｅｔｙ５・０が目指す社会では、情報の活用においてはＡＩ（人工知能）によって必要な情報が必要な時に提供されるようになり、情報活用の面での省力化や、個々人の要求に応じた高いレベルでの平準化が期待できるようになります。高齢者問題においても、医療機関と連携することで遠隔診療が期待できますし、たびたびニュースなどで取り上げられている「無人ドローンによる宅配」のように、自律型の無人ドローンによって過疎地に住んでいるお年寄りへの物資の輸送が可能となります。

このように、Ｓｏｃｉｅｔｙ5・0の社会ではすべての人とモノがつながり、知識や情報が共有化されるといわれています。その中心となるのがビッグデータとＡＩによる情報の提供（仮想空間）と、自動走行車や無人ドローンなどのロボット技術による実社会での活動（現実空間）です。今までの社会は情報化することに比重が置かれ、逆に人間がそれに振り回されるようになりました。これに対してＳｏｃｉｅｔｙ5・0の社会では、人が必要とする情報やモノが個々人の要求に合わせて提供され、活用されるという意味で「人間を中心においた社会」とされているのです。そしてＳＩＰという研究開発プログラムの下で、Ｓｏｃｉｅｔｙ5・0の概念を農業でも推し進めようというのが、いわゆる「スマート農業」の本質と言えるでしょう。今まで述べてきた背景を持つスマート農業の今後の展開としては、以下のことが挙げられます。

今後のスマート農業の展開について

❶小型ロボット

❷ロボット作業の拡大

❸スマート営農システム×スマートフードチェーン

❹スマート野菜・果樹生産

❺スマートフィールド×スマートアグリシティ

日本農業の課題と Society5.0

●人手不足と市場の拡大

日本の農業の現状を農林水産省「農業センサス」で見てみると、まず平成27（２０１５）年の基幹的農業従事者（仕事として自営農業に主として従事した者）は１７５万４千人で、5年前に比べて29万8千人（14・5％）減少しています。さらにその基幹的農業従事者の平均年齢を見てみると67・０歳となり、68歳以上が占める割合は64・6％と非常に高い比率となっています。長年言われていることですが、農業における高齢化、後継者不足、人手不足は非常に深刻であり、しかもそれは現在も進行中なのです。

こうした国内の状況に反して、グローバル化が進んだ現在、食に関する市場が世界で拡大しています。近年、海外で「和食ブーム」が起こっていることをニュースでご覧になっている方も多いかと思いますし、健康的な食事を重視する傾向も強まり、いわゆる健康機能性食品の市場も拡大しています。

日本農業の担い手が高齢化・減少しているにもかかわらず、食に関しては市場の拡大やグローバル化、海外との競争といった新しい波が、個々人の都合や好き嫌いとは関係なく押し寄せているわけです。

こうした国内外の現状を踏まえ、日本政府は平成30年6月に今までのSociety5・0などの成果として成長戦略「未来投資戦略２０１８」を公表しました。

この戦略では、今までの進捗状況を評価した上で、今後の目指すべき日本農業の目標として以下の点が挙げられています（一部抜粋）。

〈未来投資戦略２０１８〉平成30年6月公表

・２０２５年までに農業の担い手のほぼすべてがデータを活用した農業を実践する
・２０２３年までの間に全農地面積の8割が担い手によって利用される（２０１３年度末で48・7％、２０１７年度末で55・２％）
・米の生産コストを全国平均比４割削減
・２０１９年の農林水産物・食品の輸出額１兆円目標を達成

農業においてSociety5・0を実現することで、どのようなことが期待できるのでしょうか？　それはおおよそ次のことが考えられています。

・労働力不足の解消
・生産の低コスト化
・農産物の品質向上・収量増
・大規模化による所得の増加
・プロ農家の技術の継承　⬇　新規就農者の早期育成
・農業の魅力アップ　⬇　青年層の新規就農促進

日本農業の課題と Society5.0

日本農業の現状

・平成27年の**基幹的農業従事者**は**5年前に比べて14.5%減少**

・基幹的農業従事者の**平均年齢は67.0歳**（65歳以上が64.6%）

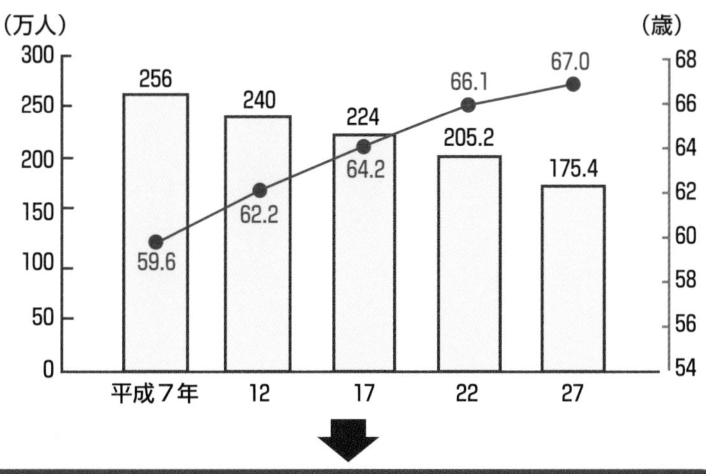

日本農業の目指す姿（未来投資戦略2018）

2025年までに農業の担い手のほぼすべてがデータを活用した農業を実践

2023年までの間に全農地面積の8割が担い手によって利用

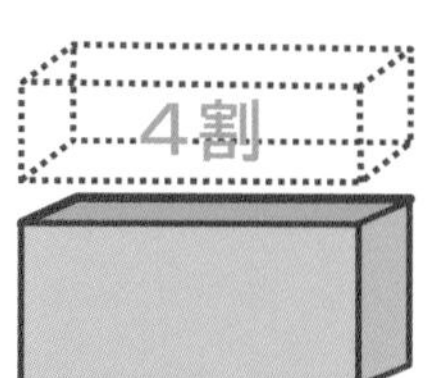

米の生産コストを全国平均比4割削減

2019年の農林水産物・食品の輸出額1兆円目標を達成（2019年の実績は9121億円）

無人で作業を行うロボットトラクタ。Society 5.0の実現で、労働力不足が解消される。

Society5.0 とは

農耕社会

Society2.0

狩猟社会

Society1.0

これまでの情報社会（Society4.0）

サイバー空間

クラウド

人がアクセスして情報を入手・分析

人がナビで検索して運転

人が情報を分析・提案

人の操作により
ロボットが生産

フィジカル空間

Society5.0が目指すのは、すべての人とモノがつながり、知識や情報が共有化される社会。情報の活用においては、現代（Society4.0）では個々人の能力によってばらつきが出るが、Society5.0では、ビッグデータとAIによって分析することで必要な情報が必要な時に提供されるようになる。

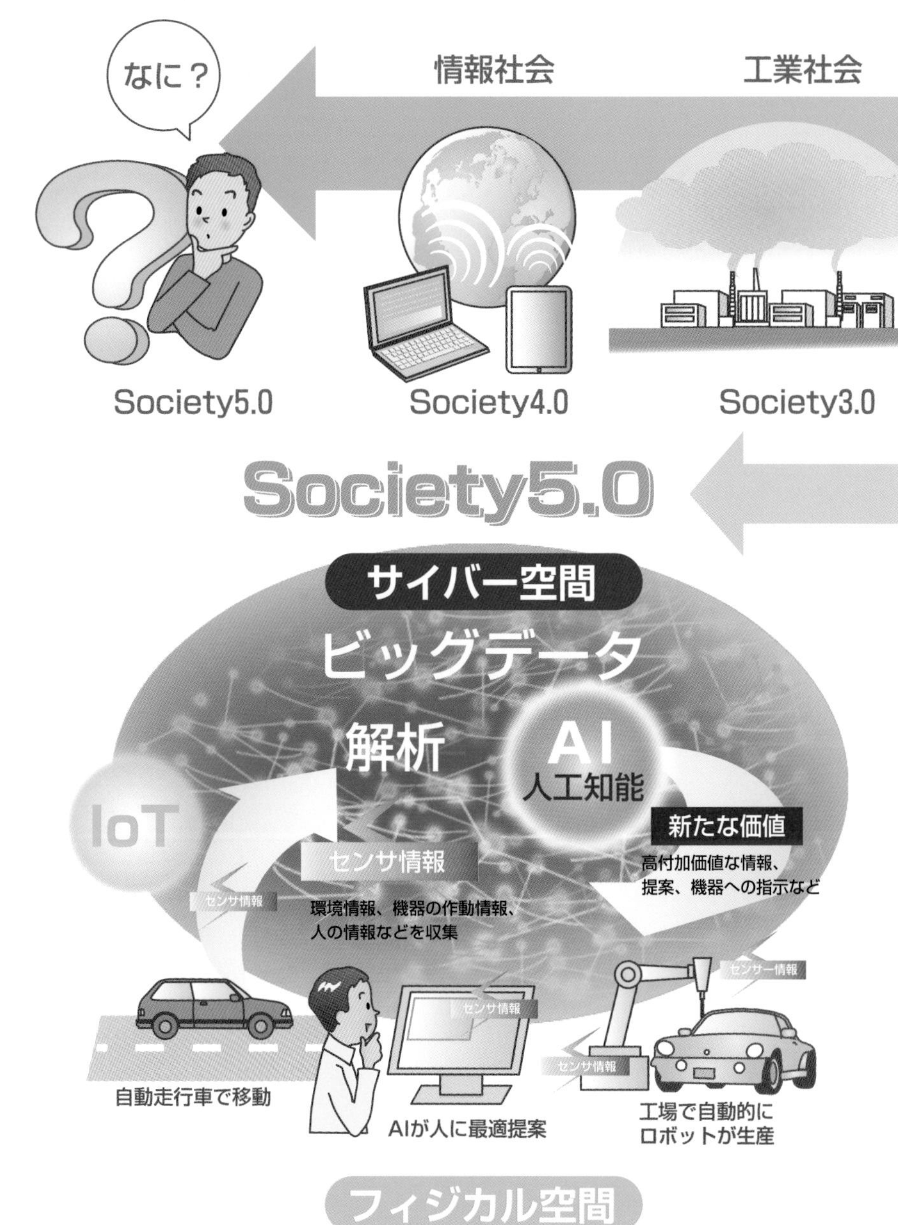

スマート農業の方法と期待される効果

現在、日本農業は担い手の減少や農家の高齢化の進行による労働力不足が大きな問題となっています。一方で、農業生産の現場は依然として人手に頼る作業や、さらに熟練者が必要な仕事が多いのが現状です。実際、農林水産業の現場では機械化が難しく、手作業に頼らなければなりません。このため、危険な仕事やきつい仕事を人がやらなければならない局面が多いのが現状ですし、また、トラクタなどの農機の操作など、熟練者がやらなければならない作業も多いのが特徴です。

これらのことは農業の担い手となる若者や、新規の労働力となる女性が農業に参入することを妨げており、ますます労働力不足を加速させています。

農業従事者1人当たりの農地の作業面積には限界がありますが、農業従事者が減少している現状では、1人当たりの作業可能面積をもっと拡大することが求められています。つまり、食料自給率を維持・増加させるためにも、今まで1人で行ってきた耕地面積の2～3倍を1人で作業することが必要となっているのです。

この「人手不足・後継者不足」という人的問題と、「危険できつい仕事をなくし、コストをかけずに生産性を上げる」という省力化の問題を解決する方策として、現在注目されているのが「スマート農業」なのです。これは農林水産省が提唱している新しい農業の形態であり、以下のような特徴を持っています。

❶ICT（情報通信技術）およびビッグデータの活用

それによって以下の実現が期待できる。

・超省力・大規模生産の実現
・作業負担の軽減
・高品質な作物の生産
・熟練農業者のノウハウを伝承

❷ロボット・自動化システムの活用

❸ドローン（無人航空機）の活用

このように、スマート農業とはICT（情報通信技術）やロボット技術を活用することで農業の省力化や精密化、高品質化を目指すものです。

付け加えるなら、ビッグデータという「情報集積」と、AI（人工知能）による情報の「活用」、これらをやり取りするのがICTの「空間」ということになります。つまり❶は今風にいえば「サイバー空間」の領域です。

そして実際の農作業はロボットやドローン、自動化された様々なシステムが行います。すなわち❷と❸は「フィジカル空間」と言えます。人間は目標を設定し、これら全体を制御することになります。

スマート農業の導入を検討するに際して抱く疑問点などを8つ挙げ、Q&A形式で解説いたします。

Q1 スマート農業の導入は、個人農家にとってどれほどの収益が上がるのでしょうか?

A

現在、日本全国で様々なスマート農業実証が行われています。おおむね目標としている所得は20~30%増です。

(kattyan / PIXTA)

Q2 導入のための手続きが面倒そうですが、実際はどうなのでしょうか？

A

導入の手間は技術によります。ロボット農機を扱うには研修を受けなければなりませんが、基本的に農家がユーザーですから農家にとって使いやすいようなシステムにしています。操作表示や取扱説明書もわかりやすく作られています。

（まちゃー／PIXTA）

Q3 導入まで、また導入以降の融資は難しくないのでしょうか？

A

導入する経営体によります。このような技術は意欲的な家族経営農家や農業法人などが導入します。優良な経営体であればＪＡや日本政策金融公庫などは貸し付けるようです。

（Tony ／ PIXTA）

Q4

地域全体での導入が前提でしょうか、個人でも導入できるのでしょうか？

A

当然基本は個人です。ただ、JA、リース会社、土木建築業者などが機械やシステムを所有して、シェアリング、リース、委託作業へ利用するのが今後のビジネスモデルです。

（K@zuTa／PIXTA）

Q5 情報は提供側と利用者の「双方向」。メリットは享受したいですが、こちらの手間は？

A

農家がWAGRIなどのデータベースに直接アクセスすることはありません。これらのデータはB to Bです。ITベンダーや農機メーカーがわかりやすく役に立つ情報に変換して農家に提供します。すなわち農家に手間はかかりません。手間になるようでは普及しませんので、サービスを提供する側は顧客ニーズに対応しています。農機メーカーやITベンダーはいろいろ工夫しています。

（じゅらいじゅらい／PIXTA）

Q6 情報は教えてほしいですが、正直なところ、代々伝わるノウハウは教えたくない

A

これは確かにあります。熟練農家の質の高いノウハウは競争領域ですから出てこないでしょう。「標準品を短い経験で作ることができるようになる」「規模拡大に対しても、品質の低下を抑えられる」というところにメリットを求めることになります。ただ、このデータを活用すれば、農業に関わっていなかった個人が農業参入できるというメリットもあります。また、農業に関わっていなかった企業が農業参入できるようになるでしょう。

（Tony ／ PIXTA）

Q7 情報を共有すると、競争・特色がなくなってしまうのではないでしょうか？

A

農業は地域産業です。気象、土壌、立地（都市近郊、山間部など）によって適した作物・品種、栽培技術は変わります。すなわち、データに基づく農業はこのような大きな制約の下で存在します。したがって、地域スケールではアイデアで特色を出すことができます。問題はその下位階層の個人レベルです。これはQ６で述べた通りです。

（ばりろく／PIXTA）

Q8 情報の取捨選択は、自身で行ってよいのでしょうか？

A

優れた農家は自分で取捨選択を行います。しかし、欧米では農家対象のコンサルが存在し、適切なアドバイスをしてくれます。日本も普及センターやJA、地域のITベンダーなどが、今後その役割を果たすべきでしょう。もしくは、スマート農業に関するIT農業コンサルのような新しいビジネスが生まれる可能性もあります。

（Tony／PIXTA）

第2章

スマート農業研究と実用化の現状

ビークルロボティクス（VeBots）研究について

●ビークルロボティクス

北海道大学には「ビークルロボティクス研究室」(Laboratory of Vehicle Robotics：VeBots）があります。ここではまず、VeBotsのスマート農業研究を紹介しましょう。ビークルは「移動体」、ロボティクスはロボットの設計や制御に関する学問「ロボット工学」を意味します。VeBotsの研究対象としているのは、次のものです。

①無人車両　②無人ボート
③無人航空機　④人工衛星

具体的にいえば、①地上を走るビークル―トラクタや田植え機、コンバインなど、②水の上を走るビークル―田の上に浮かび除草剤を散布するボートなど、③空を飛ぶビークル―ドローンや農薬散布用のヘリコプター、ラジコン飛行機など、④宇宙にあるビークル―人工衛星などで、こうしたビークルを無人ロボット化し、農業に活用することで、「革新的な農業の実現」を目指しています。

この「革新的な農業の実現」に向けて私たちの研究室で達成したものとしては、作物が生育中の圃場の中で、作物を傷つけずに無人のロボットに除草や農薬散布などの作業をさせたり、農道を無人で移動して、作業が終わったら自分で帰ってきたりするという技術で、これらのことを成し遂げたのはVeBotsが世界初でした。

●協調型ロボットの実証実験

最近では、4台のロボットトラクタが協調して編隊を組んで作業を行う実証実験を行いました。これはいわば「協調型ロボット」で、要するに、4人分の仕事を無人のロボットがしてくれるということであり、これによって作業幅が4倍になるわけです。現在の実験では、開発中の遠隔管理システムで、10kmほど離れた畑で作業している4台のロボットトラクタを、オフィスでモニターを見ながら「今、ロボットトラクタがどこでどんな作業をしているのか」を確認します。一方、ロボットトラクタからは周辺の画像をライブで送信することで、ロボットトラクタがどんな作業をしているのかを知ることができます。

また、大きなディスプレイ上の地図の中に「今、どのロボットトラクタがどんな動きをしているか」を表示し、チェックすることも可能となっています。

複数のロボットトラクタの実用化は、具体的にどのようなことが期待できるのでしょうか。例えば、大きいトラクタでは畑の土を踏み固めて、作物の生長を阻害してしまうおそれがありますし、雨が降った直後には畑に入ることができませ

ビークルロボティクス研究（VeBots）研究プラットフォーム

ん。ところが、小さいトラクタを複数同時に使うことによって大きいトラクタ並みの作業をさせることができれば、畑の土を踏み固めることもないですし、畑がぬかるんでいても畑に入って作業させることができます。また、畑のサイズや作業の進捗状況に合わせて、ロボットの台数を調整することもできます。

また、トラクタは様々な作業に使われます。例えば「耕うんする」「播種する」「肥料や農薬を散布する」「除草をする」「収穫をする」などの作業に使えるようになっているため、こうしたトラクタが使われる作業すべてを、多くの人手を使わずに行えるようになるわけです。また、人間のように周辺の状況から自己位置を推測するのではなく、GNSSなどの位置データに基づいて行動するので、夜でも安全に作業させることができます。「雨が降りそうだ」となると、農家の方は徹夜で作業します。これは危険をともないますが、それを安全に実現できるのがロボットなのです。

●ビークルロボットが動く仕組み

無人機が自分で判断して走行し、作業して自分で帰ってくる――そこには、基本的に人の操作は必要ありませんが、最初に人が作業計画を立てておく必要があります。作業計画はそれぞれの「経路」で何をするかということで、「タスクプラン（作業計画）」と呼んでいますが、こうした作業指示を作ってそれをロボットに覚えさせます。そうするとロボットは、指示通りに走行して、作業をして帰ってくるわけです。耕深などの作業の微調整は人のほうが優れていますし、ロボットにはそういう能力はないので、それは人が遠隔で操作しますが、基本的には運転操作は必要ありません。

タスクプランを覚えたロボットトラクタは、先にも述べたようにわれわれが自動車を運転する時などに使うGNSS、つまり人工衛星を使った測位システムによって、自身の位置を把握します。GNSSの技術を使うことで、およそプラスマイナス3㎝の誤差でリアルタイムに測位することができます。

われわれが持っているスマートフォンにはそれほどの精度はありませんが、特殊なGNSSを使っているので、これほどの高い精度が実現できるようになっているのです。

2〜3㎝の誤差を持つGNSS受信機を使って5㎝以内の誤差で実際の作業をさせることができる——これが現在到達している技術レベルです。1〜2㎞走っても5㎝以内の誤差ですから、当然、これは人を超える作業精度といえます。

●ICT（情報通信技術）で省力化を実現する

現在、ロボットトラクタの実証実験は、世界トップレベルのスマート農業実現の計画の下、NTTグループ（NTT、NTT東日本、NTTdocomo）、北海道大学、北海道岩見沢市とともに行われています。

ロボットトラクタに誤差の少ない走行をさせるためには、より正確な位置の補正情報をロボットトラクタに送る必要があります。人工衛星からのGNSS情報を受け取る基地局を設置する必要がありますし、トラブルが発生しても、遠隔で監視している人がリアルタイムで制御できるよう、トラクタに搭載したカメラから送られてくる映像など、大容量のデータを遅延なく人に伝送する技術も必要です。もし、こうした技術が確立されれば、1人で100台ぐらいのロボットトラクタを使いながら農作業を行うことも可能となります。

100台ものロボットトラクタを制御するには、通信のさらなる大容量化が必要となりますが、この課題を解決するのが、NTTが提唱する次世代ネットワーク構想「IOWN（アイオン）」です。IOWNは、拠点局に集められたロボットトラクタからの情報を光信号で伝送する仕組みで、これによって大容量・低遅延の通信を実現することが可能となります。外部からのハッキングに対しては、先進的なセキュリティー技術を導入しており、ハッキングにも強いネットワークとなっています。

ただし、ロボットトラクタには課題もいくつかあります。

農林水産省広報誌aff（あふ）で紹介①

監修者の研究室が農林水産省の広報誌『aff（あふ）』の特集「今、農学部が熱い！」に取り上げられた。

特集 今、農学部が熱い！

ICTで省力化を実現！

北海道大学大学院 農学研究院
ビークルロボティクス研究室

（出典：農林水産省広報誌『aff』2016年4月号）

1つは、整地されておらず凹凸がある畑の路面では、走行するとその凹凸に沿ってトラクタの姿勢が変わることです。GPSは屋根の一番上に付いているので、走行自体はズレが生じていないのに、車体が傾斜することで10～20㎝のズレとなってしまい、このズレを用いて操舵を制御すると大きくふらつきます。それを解消するには、傾斜を認識して精度よく走らせる必要があります。さらに、ぬかるみや雪の上など、あらゆる路面の環境に対応して常に安定して正確に走らせる必要があります。

遠隔監視については「画像伝送の遅延」が課題となります。「情報処理」の段階では遅延はほぼ起きないのですが、例えば、電波は普通の携帯電話のそれでも遅れるなど安定性に欠けます。電波で画像を送信するには速度的に限界がありますし、混んでいるところでは電波がつながりにくくなることもあります。こうした電波そのものによる画像の伝送遅延の問題を解決しないと、遠隔監視を安全に、安定して行うことは難しいといえます。

この他、現在の道路交通法によって無人機が畑と畑の間の公道を跨ぐこと自体が今は許されていないので、「圃場間移動」も課題となりますが、これは法規制上の問題です。

●ロボット開発の次なるステージ

現在の技術レベルでは「5㎝の誤差で精度よく作業走行させる」ことはできますが、実際の農家の方は、作物の生育状態であったり、土壌の状態であったり、そういうものを見ながら適切な管理作業を行っています。このため、次の段階ではビークルロボットを「賢くする」こと、いわば熟練の農家の方に匹敵するほどの「農業に対する知識を持ったロボット」にすることが重要となります。

こうした賢い「スマートなロボット」は、生育の悪いところを見つけて「これはこの肥料を少し入れたほうがいいな」とか、「ここは病気だからこの農薬を撒かなければいけないな」とか、畑のようすを見て「そろそろこの作業をしなければいけないいな」ということが判断できるようになります。

では、こうした人間並みの判断ができるロボットの開発は可能なのでしょうか。この点においては、近年多くの期待が寄せられている「AI（人工知能）」の活用が考えられます。

スマート農業においても、AIによるビッグデータの活用が盛り込まれていますが、当然ビークルロボットにも導入されます。例えば、作物の生育状況を撮影し、光信号で高解像度の写真をAIに送ります。AIは蓄積されたビッグデータをもとにシミュレーションを行い「どのような手入れが最適か」ということをリアルタイムで判断し、農薬や肥料の適切な種類と量、最適な収穫時期などを指示し、ロボットトラクタがそれらの作業を行うわけです。

つまり「サイバー空間においてAIが処理を行い、フィジカルな空間でトラクタなどの農機が最適な作業を行って、全体の制御や目標の設定は人間が行う」ということです。これによって、農業の省力化だけでなく、農業における人材不足や後継者問題にも貢献すると考えられます。

日本の農業は、北海道を除けば中山間や非常に狭い畑で行われることが多く、そこでの人手不足も深刻です。ビークルロボットの目標の1つは「棚田で働くロボット」です。そのようなロボットの開発は技術的には非常に難しいものですが、棚田は日本の文化であり、その文化が失われていくことに対して、新しい開発技術で解決できるのではないかと考えています。つまり「耕作不利地」におけるロボット化です。

こうした厳しいところにおけるロボット化ができると、今度はアジア諸国でも使えるようになります。アジア諸国は、日本と同じように非常に小規模な農業を営んでいて、やはり耕作面積が狭く、人手不足のケースが多く見られます。ということは、アジアの国々に対しても「耕作不利地」における新技術を展開できます。まさにSDGs（持続可能な開発目標）に対しても貢献できます。

農林水産省広報誌 aff（あふ）で紹介②

農業の省力化や人材不足・後継者問題の解消に貢献する「スマート農業」とその研究をリードする農学部には、国からも期待が寄せられている。

2017年6月号

農林水産省の広報誌『aff（あふ）』は現在、ウェブサイトで毎週水曜日に配信。2017年6月号では、監修者の研究室の仲間とともに、研究中のロボット農機の集合写真が掲載された。

（出典：農林水産省広報誌『aff（あふ）2017年6月号』）

特集　スマート農業

先端技術を活用して農業の課題を解消

北海道大学大学院 農学研究院 ビークルロボティクス研究室

特集1 スマート農業

農林水産業の競争力を強化し、魅力ある産業にするためICTやロボットの活用が急速に進められています。目覚ましい進化を見せるこれらの先端技術は消費者にはどのような恩恵をもたらすのでしょうか。

先端技術を活用して農業の課題を解消

■ 高齢化の進行による深刻な労働力不足

■ スマート農業の方法と期待される効果

1 ICT・ビッグデータで実現できる未来

○超省力・大規模生産の実現
○作業負担の軽減
○高品質な作物の栽培
○熟練農業者のノウハウを伝承

2 ロボット・自動化システムの活用

3 ドローン（無人航空機）の活用

衛星画像による広域診断情報生成とWebGIS情報利用システム

●公開型・参加型の情報利用システム

農地における作物の状況については、農業従事者が実際に現場へ行って農作物の生育状況を確認するということが昔から行われてきました。スマート農業では、人工衛星がその仕事を担うツールの1つになります。

人工衛星の観測によって、例えば圃場ごとの玄米タンパク質含有率や収穫適期、小麦伸長期のクロロフィル量、水稲幼穂形成期の窒素量など、作物や農地の空間診断情報を入手するわけです。

ただし、その情報を得るためには、おのおのの産地規模で解析するアルゴリズム（問題を解決するための手順や方法のことで、コンピュータではこれをまず作成しないとそもそもプログラムを組むことができません）を作る必要があります。

次に、こうして得られた情報が実際に農業従事者の手もとに送られて活用されなければ意味がありません。それを行うのが、農研機構がＳＩＰで開発した「ＷｅｂＧＩＳシステム」です。

この〝ＧＩＳ〟とは「地理情報システム」のことで、地図上の位置（地理的位置）に関係する情報を管理・加工して、分析や判断を行う上でのデータとして提供するシステムと言えます。

これがどういうシステムかと言うと、例えば「人を接待する高級レストランが集まっている場所はどこか」など、お店の立地情報をスマートフォンやパソコンで調べられるもので、表示された地図で確認したことがある人もいるかもしれません。また近年、防災のために「地震に弱い地盤の地域はどこか」といった、いわゆる「ハザードマップ」をネットに上げている自治体も存在します。こうした地理的位置に関する情報を提供するのがＧＩＳです。

今までのＧＩＳは、スマートフォンやパソコンなど利用環境によってばらばらに発展してきましたが、それを統括してあらゆる利用環境で地図情報を見ることができるように一元管理するのが「ＷｅｂＧＩＳ」です。これによって、農業従事者が柔軟にタブレットやスマートフォンなどを使って、ビジュアル化され活用しやすい形態で適時、ＧＩＳの情報を利用することが可能になると考えられています。

人工衛星による観測やＷｅｂＧＩＳによる地理情報の提供によって、何が期待できるかと言うと、一元管理された広大な地域の作物・農地診断情報を見て分析や判断が可能となるので、うまく活用すれば最終的に産地スケールでの品質・食味が向上し、ひいては産地規模での品質確保とブランド化戦略を推し進めることも期待できるようになります。

WebGIS システム

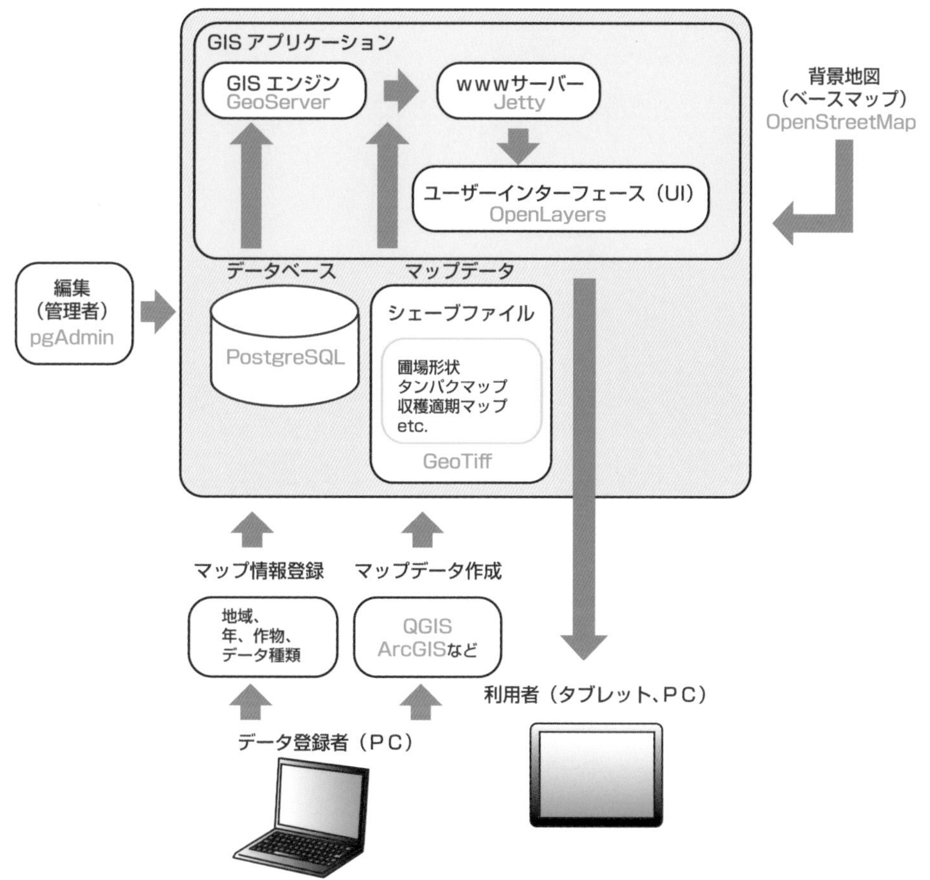

WebGIS システムによって農業従事者は、ビジュアル化され活用しやすい形態となった地域情報を、各自のスマートフォン、タブレット、パソコンを使って適時利用することができるようになる。

衛星画像を使ったデータ診断と WebGIS システムを通した情報利用の流れ

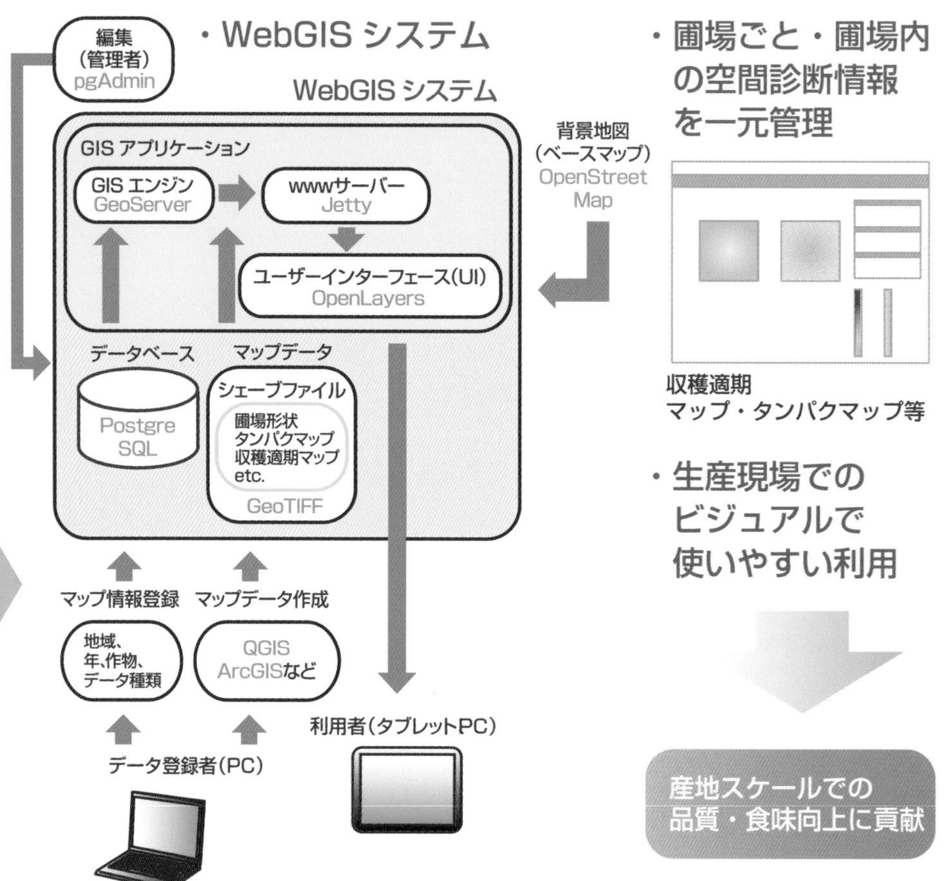

衛星観測によって圃場ごとの玄米タンパク質含有率や収穫適期など作物・農地診断情報を産地規模で作成する一連の技術と、診断情報を作業者のタブレット端末などに活用しやすい形態で適時提供するWebGISシステムを、SIPで農研機構が開発した。

人工衛星で観測

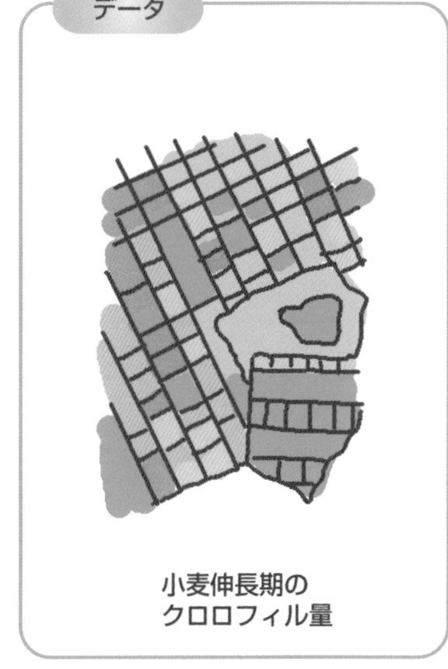

データ

小麦伸長期の
クロロフィル量

データ

水稲幼穂形成期の窒素量

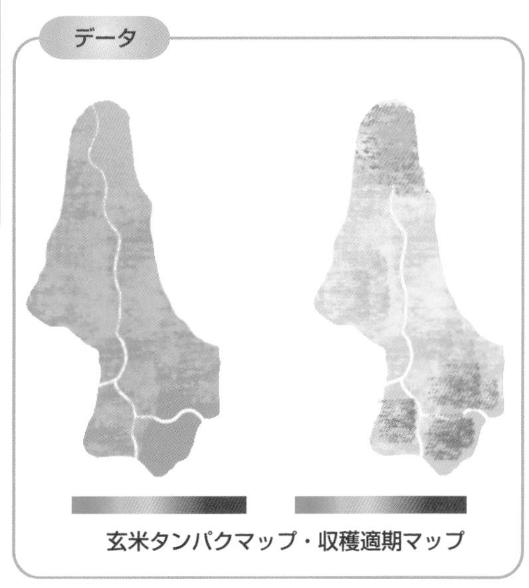

データ

玄米タンパクマップ・収穫適期マップ

UAVによるリモートセンシング

●ドローンによる局地的なデータ収集

人工衛星以外にも、農作物や圃場の診断情報をUAV（無人航空機）――通称ドローンによって得ることが考えられています。

ドローンによって、地上で観測するよりも広い地域の地形や土壌肥沃度、作物窒素ストレス、土壌水分量、さらに小麦や水稲などの倒伏状態といった作物や圃場の診断情報を収集し、わかりやすいビジュアルで表示することで、人が正確に判断できるようになることが期待されます。

人工衛星におけるリモートセンシング（遠隔観測）機能は、産地規模の広大な地域をカバーするものですが、ドローンによるリモートセンシング機能はそれよりも狭い地域をカバーするため、局地的なデータとなります。その局地的なデータを集積することで、より柔軟で精密な判断を下すことが可能となります。

言い換えると、人工衛星のデータは「大きな戦略的データ」、ドローンによるデータは「個々の戦術的データ」と言うことができるかもしれません。このドローンによる圃場センシングは、施肥のスマート化や個々の農家の技術力アップ、そして作物の品質や収穫量の高いレベルでの安定化に寄与します。

作物や圃場の診断情報を収集するドローン。

UAVによる遠隔観測

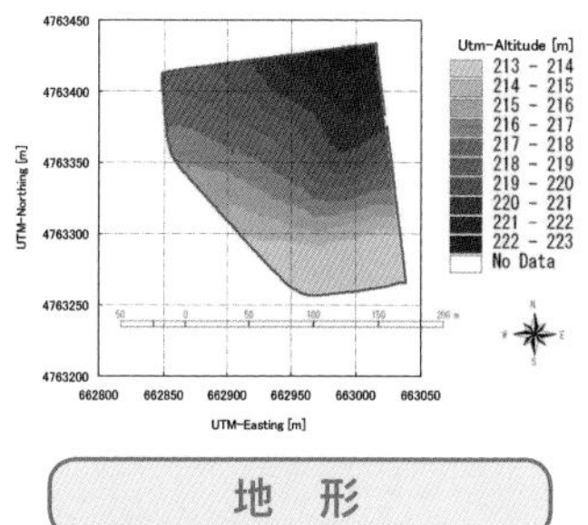

地　形

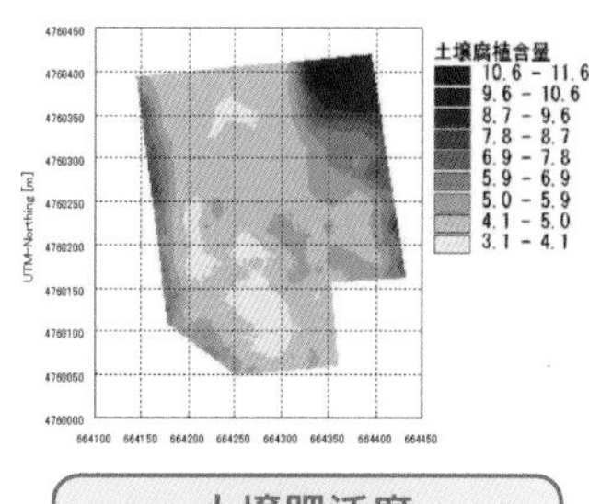

土壌肥沃度

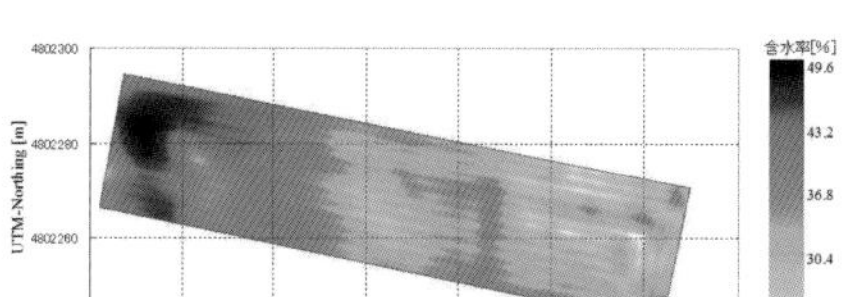

土壌水分

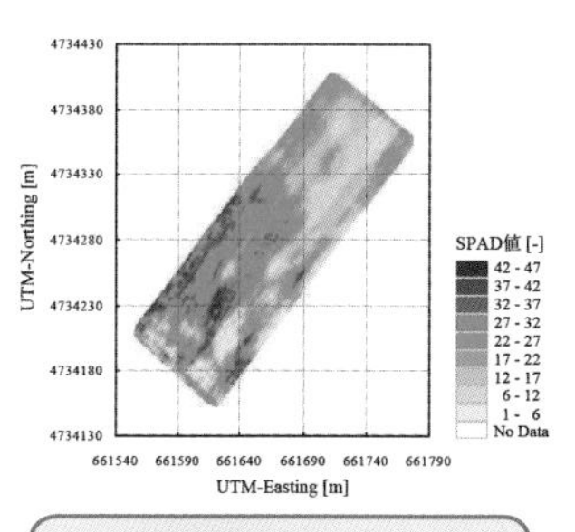

作物窒素ストレス

小麦倒伏

期待される効果

- スマート施肥
- 農家の技術力アップ
- 品質・収量の高位安定化

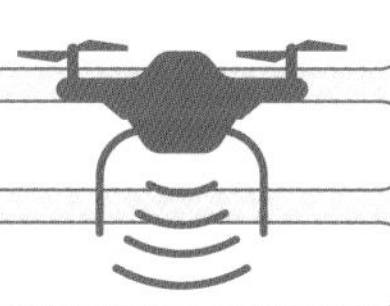

UAVによる空間情報のシェアリング

ドローン（無人航空機　ＵＡＶ）による空間情報のリモートセンシング（遠隔観測）がどのようなものか、それによって期待される効果は何かを前述しましたが、ドローンが収集した空間情報は、ロボット化された農機にも伝送されます。

スマート農業で現在開発が行われているＶｅＢｏｔｓ研究では、ロボットトラクタにセンサーを搭載して作物の生育データを収集することが行われています。この方法だと、トラクターの周辺情報の収集に限られますが、ドローンを用いて一定範囲のデータを総合的にリモートセンシングし、その情報を先にも述べたＧＩＳを介して、土壌肥沃度マップや作物窒素ストレスマップ、タンパク含量マップ、収穫量マップの情報としてロボットトラクタに伝送することで、より合理的にそして複数のロボットトラクタを連携して作業させることができます。

こうしたドローンによる空間情報は、１つの農家が生育センサーを保有して自分だけのデータにするよりも、各農家が得た空間情報を地域全体でシェアリングすることで、その地域一帯の作物の品質・収穫量を高いレベルで安定して維持できるようになります。またコストパフォーマンスの面でも、１つの農家が個人で行うよりも、複数の農家がこのシステム設置に関与して空間情報を共有するほうが、導入コストを抑え大きな利益を上げることができるはずです。

これは、さらに規模を広げた、人工衛星によるリモートセンシング画像。土壌の状態や作物の生育状況を分析したデータを地域全体で共有する。

空間情報のシェアリング

米と小麦について品質・収量の高位安定化が可能に

現　在

トラクタや管理機にセンサーを搭載して可変施肥

収集できるのはトラクタや管理機の周辺情報に限られる

UAV による遠隔観測

共有するデータ例

- 土壌肥沃度マップ
- 作物窒素ストレスマップ
- タンパク含量マップ
- 収量マップ

農家が生育センサーを所有

地域で空間情報を共有

農作業のロボット化

農業におけるSociety5・0と、その概念に基づいて推進されているスマート農業の全体的な内容を説明してきましたが、ここでは「農作業のロボット化」に焦点を当て、そのロードマップ（目標を達成するための行程表）も挙げて説明したいと思います。

●「未来投資に向けた官民対話」にて

2016年3月、安倍首相（当時）は総理官邸において第4回目の「未来投資に向けた官民対話」を行いました。この「未来投資に向けた官民対話」は、技術革新のための政府の環境整備と民間投資の方向性を統一し、政府と産業界が技術革新においての認識を共有することを目的とした話し合いで、各産業界の人々も参加しました（2016年9月より、「未来投資会議」に統合）。第4回目のこの時は農業・観光・サービス業をテーマとしたもので、当然、農業関連の人々も参加しました。

この時、安倍首相（当時）から以後の目標として、2018年までに圃場内における自動走行システムを有した農機を市場販売すること、そして2020年までに遠隔監視を行い、圃場間の移動が可能となる無人システムを実現することという指示が出されました（現在、研究・開発が進行中）。

●農作業のロボット化のロードマップ

この「未来投資に向けた官民対話」の内容も含めて、農作業のロボット化のロードマップ（自動化レベル①〜③）を挙げると、以下のようなものになります。

❶自動化レベル①：GNSSオートステアリングの開発
❷自動化レベル②：目視監視・自動走行農機（ロボット農機）の開発・市販
❸自動化レベル③：遠隔監視・圃場間移動が可能なロボット農機の開発

自動化レベル①にある「GNSS」とは、「Global Navigation Satellite System」の略で、「全地球航法衛星システム」と訳されます。要は、GPSに代表される人工衛星による測位システムの総称です。

こうしたロードマップで開発・事業化が進められるロボット農機は、労働力不足の大幅改善や作業精度・作業能率の向上、農業従事者の業務内容の転換などの効果が期待されます。事実、ロボット管制室の少数の人間による労働力で、多くのロボット農機を稼働させ、播種から施肥、収穫までの作業を広大な農地で行うことが可能となることから、こうした効果が期待されていることもおわかりになるかと思います。

農作業のロボット化のロードマップ

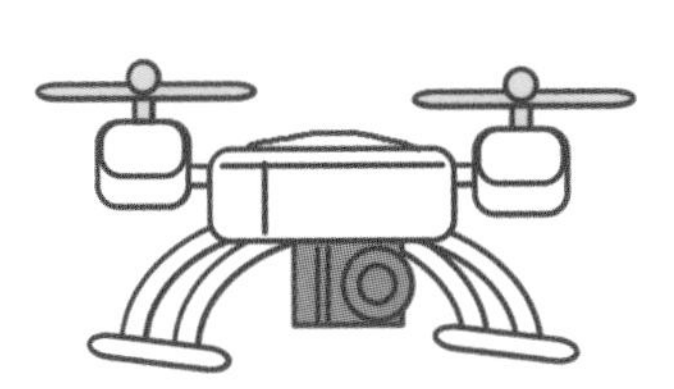

遠隔監視・
圃場移動可能な
ロボット農機

目視監視
自動走行農機
（ロボット農機）

GNSS
オート
ステアリング

商品化したのは自動化レベル②の「ロボットトラクタ」や「ロボット田植え機」。茶園管理ロボットや草刈りロボットもできている。将来的には「耕うん・代かき」「中耕・除草」「病害虫の防除」「施肥・播種」「収穫」を自動で行うレベル③のロボット農機の開発を目指している。

オートステアリング・システム

●ロードマップの自動化レベル①

　ロードマップの自動化レベル①に当たるオートステアリング（操舵制御）化によって、作業中に操縦者は手放し運転ができるようになり、操縦者の労働負荷を低減させられます。現在、大手農業機械メーカーやGNSSメーカーが製造販売しており、およそ5000台が北海道を中心に急速に普及しています。

　農機のGNSSオートステアリングにおいては、「RTK－GNSS」が使用されています。地球には電離層や対流圏などがあり、これによって信号が遅延することで誤差が生じやすくなります。この他にも誤差が生じる原因はありますが、RTK－GNSSではこうした遅延に対応でき、誤差わずか2～3㎝という、通常のGNSSよりも高精度な測位を可能とします。

　オートステアリング・システムと言うと、それ専門の農機を購入しなければいけないようなイメージがありますが、装置を後付けすることで、通常の農機にオートステアリング機能を持たせることもできるようになっています。

　オートステアリング・システムによって、例えば田植え作業においては、操縦者が1人でも、まっすぐに田植え機を直進させながら苗の補給を行うことができるようになります。

オートステアリング・システム

「耕うん作業」や「田植え作業」を行う。

オートステアリング・システムの後付け装置

通常のGNSSよりも高精度な測位が可能なRTK-GNSSを使用（補強信号の受信が必要）。作業中に手放し運転ができる。大手農業機械メーカーやGNSSメーカーが製造販売し、北海道を中心に、急速に普及しつつある。

後付け装置で通常の農機にオートステアリング機能を持たせることができる。

ロボット農機社会実装に向けたロードマップ

●ロードマップの自動化レベル②

ロボット農機の実用化に向けたロードマップにおいて、レベル①に当たるGNSSを用いた農機のオートステアリング（42ページ参照）は実現したと考えてよいでしょう。

では、次の段階、自動化レベル②に当たる「2018年までに自動走行農機（ロボット農機）の開発・市販」を見てみましょう。

農林水産省は、農業機械を無人で自動走行させる技術（ロボット農機）の実用化を見据えて、安全性確保のためにメーカーや使用者が順守すべき事項を定めた「農業機械の自動走行に関する安全性確保ガイドライン」を2017年3月に策定しました。

このガイドラインの対象とするロボット農機は、今のところ自動化レベル②の目視監視型ロボット農機です。使用者が圃場内や圃場周辺から作業中のロボット農機を監視することが前提となっています。

その使い方は例えば、人が近くで畦畔の草刈りなどの作業をしながらロボット農機を監視したり、前方で整地作業を行う無人のロボット農機に対して有人トラクタが追従しながら施肥や播種などの作業を行ったりするというものです。

つまり、将来の自動化レベル③では「遠隔監視」の下でロボット農機が無人で作業を行いますが、レベル②では近距離での肉眼による「目視監視」の下でロボット農機が作業を行うことになります。

これらのロボット農機の基本機能は、高精度GNSSと姿勢角センサを使い、パソコンなどで作成した作業計画マップを参照しながら、走行誤差は5㎝以下、作業のスピードも従来の慣行作業以上で行うことが可能となっています。

また、ロボット農機はレーザーセンサやビジョンセンサを装備し、自動作業中に人や障害物を検出して、アラーム鳴動や一時停止、待機など適切な行動をとることもできます。

ロボットトラクタは今述べたように、5㎝以下の誤差で高精度な自動走行ができるので、走行性能としては人間の能力を超えています。無人トラクタと有人トラクタが随伴する場合、有人トラクタのオペレータは前方を進む無人のロボットトラクタが残した軌跡を追従すれば、精度よく作業できることになります。

また、ロボットトラクタの走行停止や走行再開、走行速度の変更などは、監視しているオペレータが操作することができます。

この段階におけるロボット農機は、水田での耕うんや代かきができるロボットトラクタの他には、苗を補給してリモコンを操作すると熟練のオペレータに匹敵する作業を行うロボット田植え機があります。通常、田植えには農機を操縦する人の他に、苗を補充する補助者が必要ですが、ロボット田植え機では操縦する人は必要なく、作業補助を行う監視者1人で作業を終わらせることが可能となります。

これらのロボット農機は、すでに農機メーカーから市販されており、農場の省力化などに大きく貢献しています。

しかし、ロボットトラクタの使用は水田作業での耕うんや代かきに特化しています。畑作・野菜作ではロボット用作業機がないために、耕うん以外の作業にはロボットトラクタを使うことができません。

ロボットトラクタは日本が世界に先がけて実用化した技術であり、今後の国際的な展開を考えると、畑作に使用できるロボット用作業機は、将来大きなビジネスになることは間違いありません。

なお、次の段階、レベル③については第5章「今後のスマート農業の展開」の96ページで説明します。

レベル②では近距離での「目視監視」。このレベルでのロボット農機はレーザー・センサーで障害物を検出し、衝突を回避できる。

自動化レベル②のロボット農機

ロボットトラクタ

自動化レベル②のロボット農機は「畦畔の草刈りなどの作業をしながら目視監視」「有人トラクタと無人トラクタの随伴作業（上写真）」で使用する。

ロボット田植え機

苗を補給してリモコンを操作すると……。熟練オペレータを超える高精度なロボット田植え機
(出典：農研機構)

レーザー・センサーによる障害物の検出と衝突回避（対人）

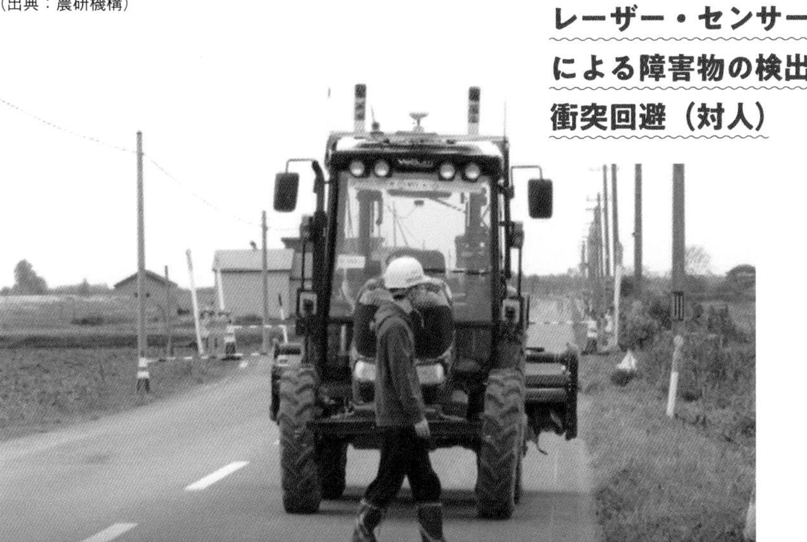

水田の水管理を自動化する給水・排水システムの開発

●水管理の遠隔・自動制御システム

水稲作において最も多くの労働時間が必要になる作業の1つが水の管理であり（もう1つは草刈り）、その割合は全労働時間のおよそ30％になると言われています。さらに、水田の水位や水温なども注意しなければならず、気象状況によって減収することも多いのが特徴です。スマート農業では、ICTを活用して遠隔・自動制御を行う給排水システムの開発も進められています。

この圃場水管理システムの全体像を、SIPで実用化した農研機構と株式会社クボタケミックスのシステムを参考に見てみましょう。まず、水管理のための調節バルブの操作用ソフトや気象災害警告ソフト、データ閲覧ソフト、水管理の自動制御ソフトなど各種アプリケーションソフトを取り込んだサーバーが中心にあります。

一方、野外にはデータのやり取りをする「基地局」が設置されます。これは親機であり、子機が水田の給水口と落水口に置かれます。給水口に置かれた子機には水深や地下水位、水温、土壌水分、さらには気象予報や作物の生育といったデータ（センシング・データ）が収集され、これらのデータを親機である基地局に伝送、基地局からさらにサーバーに送られます。サーバーにある先に挙げた各種アプリケーションソフトによって情報化されたものは、農業従事者のスマートフォンやタブレットで見ることができます。これらのデータや情報の流れは一方通行ではなく双方向で行われます。

簡単に図示すると左の囲みのようになります。

農業従事者の端末（スマートフォンやタブレットなど）は「クラウド」から情報が送られます。クラウドは特別なソフトウエアなどがなくても、インターネットを通じて情報などのサービスを受けられるので、使用する者にとって非常に使いやすい仕組みとなっています。

●水管理システムの効果

この自動の圃場水管理システムは、水管理労力の7～9割削減を達成としており、1人当たりの作付け可能面積を倍増させることが期待されています。また、水管理を最適化することで、気象による減収を5％削減させることも期待されています。

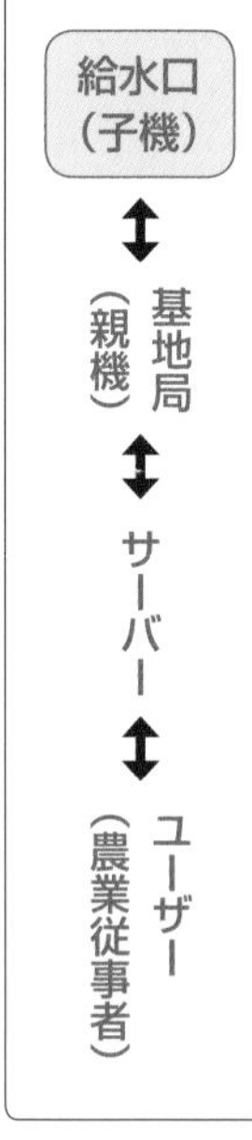

圃場水管理システム
（農研機構、クボタケミックス）

水稲作の全労働時間の約３割を占める「水管理」。実用化された自動の圃場水管理システムは、その労力の７～９割削減を達成している。また、水管理の最適化で、気象による減収の５％削減が期待されている。

水田の水管理を自動化する給水・排水システムの開発

遠隔操作

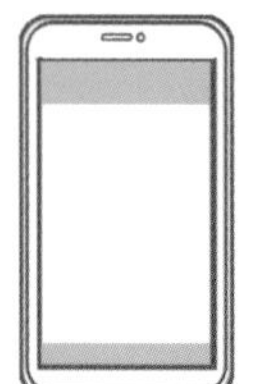

スマートフォン
タブレットなど

WebAPIによって様々なコンテンツと連携することでシナジー効果を発揮

水管理労力の7～9割削減を達成

- 水稲作で最も多くの労働時間（約30%）を占める水管理を大幅に削減する
- 1人当たりの可能作付け面積倍増（10→20ha／人）に大きく寄与
- 水管理の最適化により気象を起因とする減収を5%削減

インターネット回線

ユーザー

・ICT（情報通信技術）を活用して水田の水管理を遠隔・自動制御可能な給排水システムを開発。
・水管理労力を大幅に削減し、水資源の有効活用を可能とした。
・生育モデルや気象データと連携することで水管理を最適化。
・制御装置は小型化を図るとともに汎用性を向上させ、低コスト化も実現した。

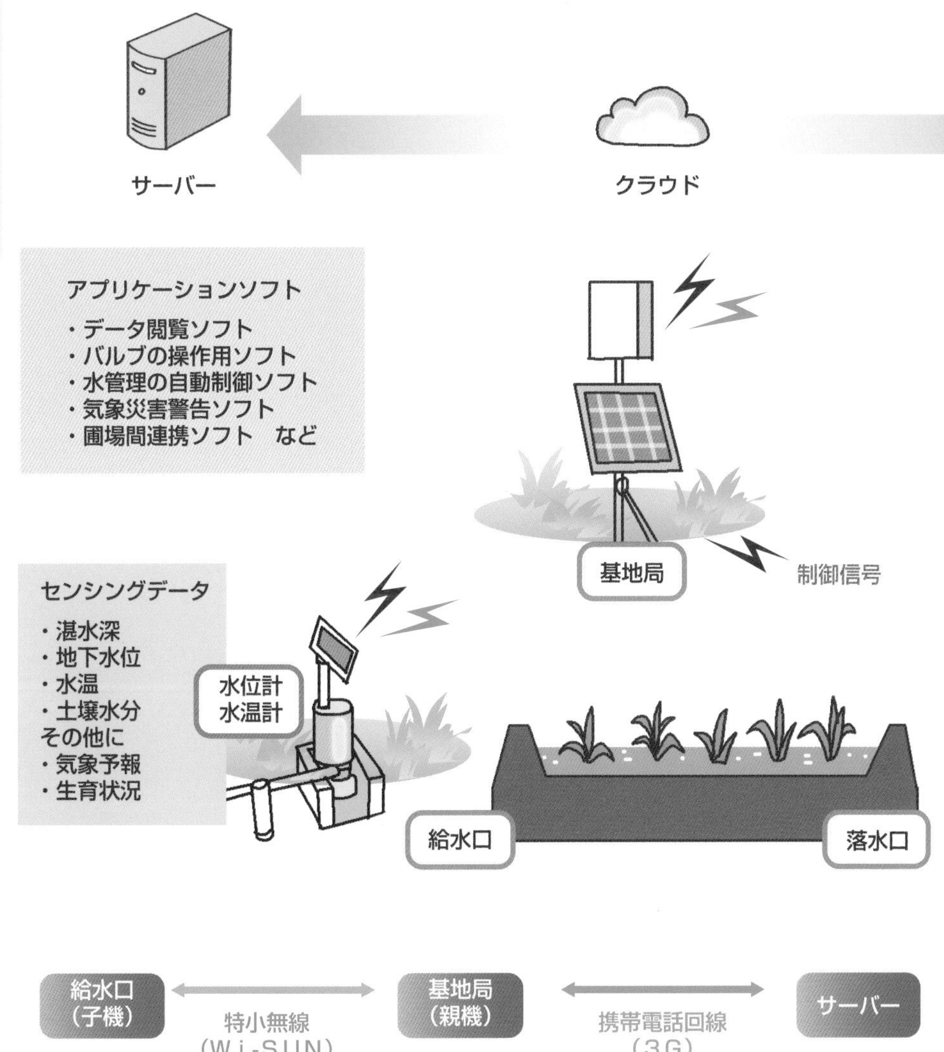

最適水管理アプリの開発

前述した圃場水管理システムのサーバーには、複数のアプリケーションなどを接続（連携）するのに必要なプログラムを定める仕組み（インターフェイス）――「ＡＰＩ（Application Programming Interface)」――があります。それにより、

・水管理システム
・メッシュ気象データ
・作物育成モデル

の各アプリケーションソフトを統合して活用できるようになっています。ちなみに、メッシュ気象データとは、１㎞単位を1メッシュとして、全国の気象状況をカバーできるソフトです。

この「ＡＰＩサーバー」によって、品種に応じた水監視スケジュールの作成や、気象データをもとにしたスケジュールの調整、気象予測による高温・低温障害などの被害を抑制できる水管理の実行などを、すべて自動で行うことができるようになります。

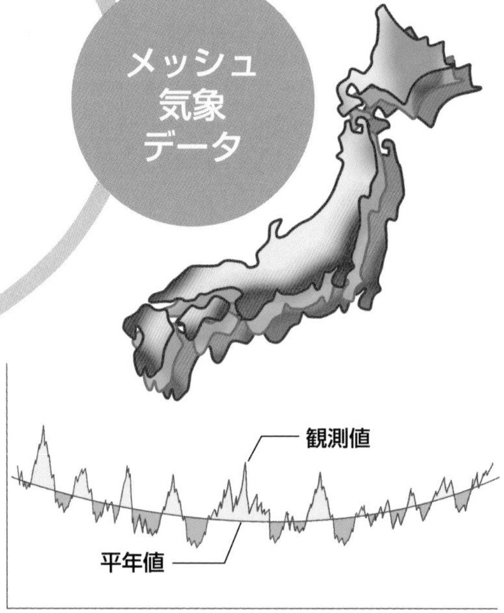

１㎞メッシュで全国をカバー

最適水管理アプリの開発

- 品種に応じた水管理システムを**自動作成**
- 気象データをもとにスケジュールを**自動調整**
- 気象予測による高温・低温障害などの被害を抑制する水管理を**自動実行**

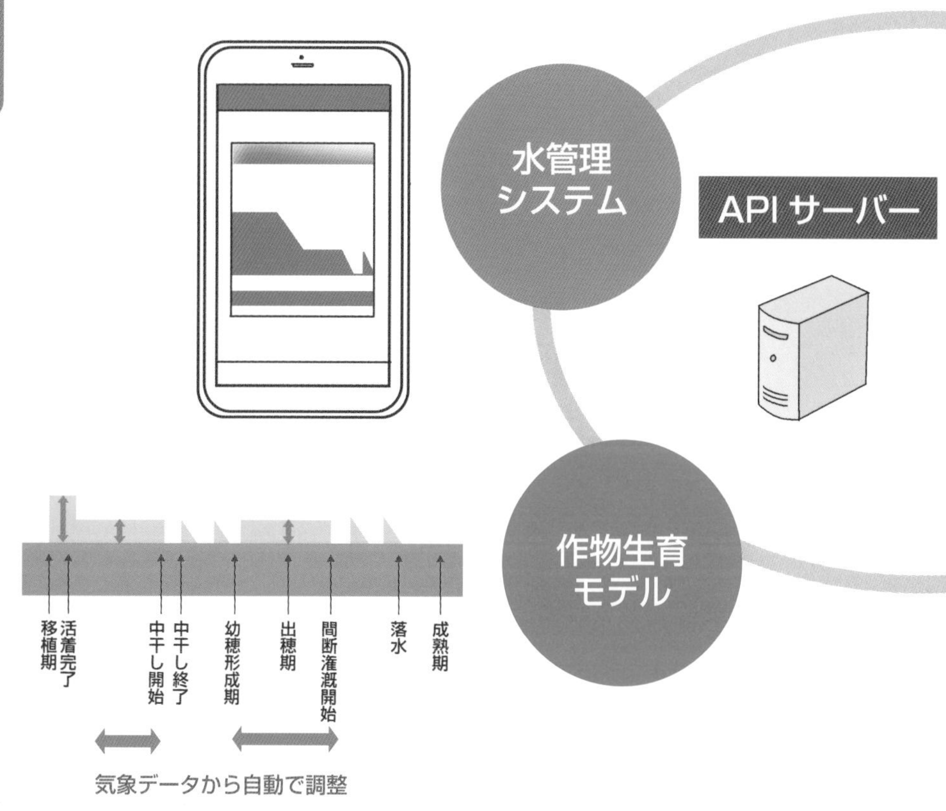

スマート農機群による適正施肥技術

●自動制御による田植え時の施肥と追肥

今まで、Society5・0に基づくスマート農業での人工衛星やドローン、その他からのデータ収集、自動水管理システムによる給排水を見てきましたが、ここでは、実際のフィジカル空間で作業を行う農機による適正な施肥技術を見てみましょう。

農作業の流れとしては、大まかに分けて

❶田植え ➡ ❷追肥 ➡ ❸収穫

の段階がありますが、❶における作業は「スマート田植え機」が行います。スマート田植え機は、作土深や肥沃度を診断してリアルタイムで施肥を変えていきます。

❷の段階では「スマート追肥システム」により、生育量の診断が行われて、これもリアルタイムに追肥量を変えていきます。

そして❸では、無人の「収量コンバイン」が圃場単位での収穫情報を収集しながら収穫を行います。

これらのスマート農機群は、田植えや追肥、収穫に必要なデータと、研究熱心な農家の方々の経験や知識をもとに開発が行われ、現在ではスマート田植え機、スマート追肥システム、収量コンバインのすべての市販化がすでに開始されています。

●適正施肥技術の効果

これらスマート農機群によって、施肥量を20％減らしながらも整粒の歩合を15％も増やすことが期待でき、結果的に生産コストの削減に寄与することとなります。さらに作物の倒伏を減らすことができるので作業能率も向上し、規模拡大にも貢献するとされています。

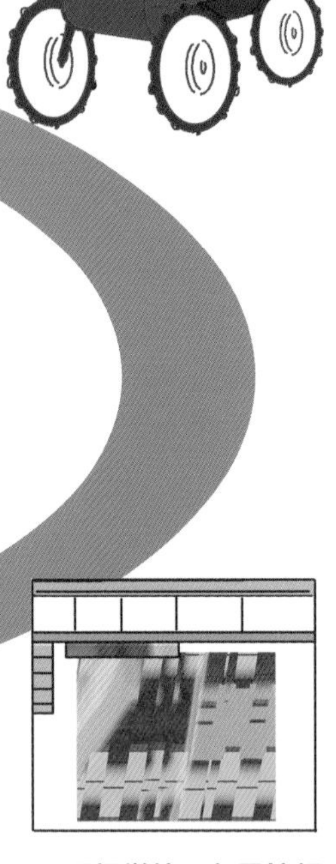

圃場単位の収量情報

適正な施肥を行うスマート農機群

・田植え、追肥、収穫時に収集したデータと篤農家の経験と知恵をもとに適正な施肥量を施用するスマート農機群を開発。
・田植え機、追肥システム、収量コンバインは市販化済み。

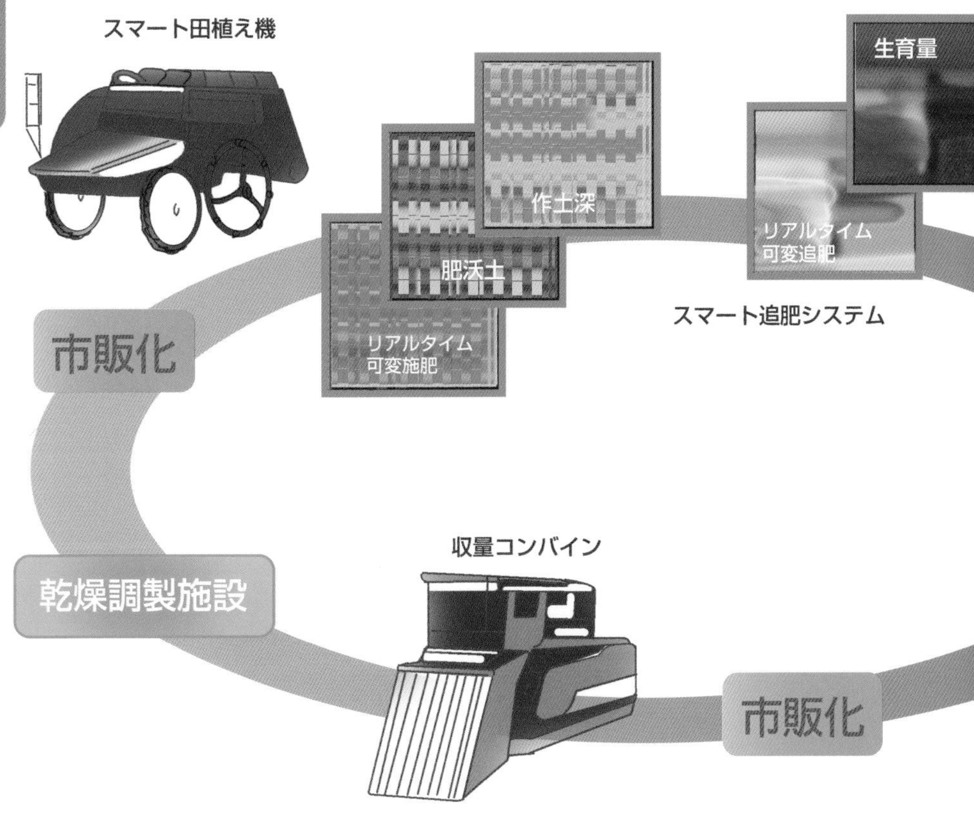

・施肥量20%減でも整粒歩合 15%増　→　生産コストの削減へ寄与
・倒伏軽減により作業能率向上　→　規模拡大に寄与

高精度化するためのGNSS補強信号

正確なオートステアリングを実現するためには、前にも述べたＲＴＫ－ＧＮＳＳが必要となります。そのための基地局が設置され、個人農家では「特定小電力無線局」が、自治体やＪＡなどの団体では「簡易無線局」が置かれます。

この他、「電子基準点」もあります。測量を行うには基準点（観測点）が必要ですが、電子基準点とは、国土地理院などが全国約１３００か所に設置しているＧＮＳＳのための連続観測点で、ＧＮＳＳの衛星からの電波を受信します。固定されている電子基準点の位置を基準にして、利用者が今いる位置を把握するわけです。

これら以外には、「仮想基準点方式（ＶＲＳ）」のサービスもあります。ＶＲＳは、電子基準点がないところに、近くの複数の基準点をつなげることで「仮想の」基準点を作り上げて、そのデータを用いるものです。いわば、「そこには存在しないが、近くの基準点をネットワークでつなげることで仮想の基準点を作って、衛星からの電波を受信する形をとる」ということです。設置するためには、作業する人が普通の携帯電話を使ってＶＲＳのデータセンターに自己位置を送ると、センターがその位置の近くに仮想基準点を設置するという仕組みになっています。

上幌向基準局

鉄北基準局

北村基準局
（出典：北海道岩見沢市）

基地局と電子基準点

基地局の設置

- **農家個人**　特定小電力無線局
- **自治体、JAなどの団体**　簡易無線局

電子基準点

- **仮想基準点方式（VRS）のサービス利用**

携帯電話

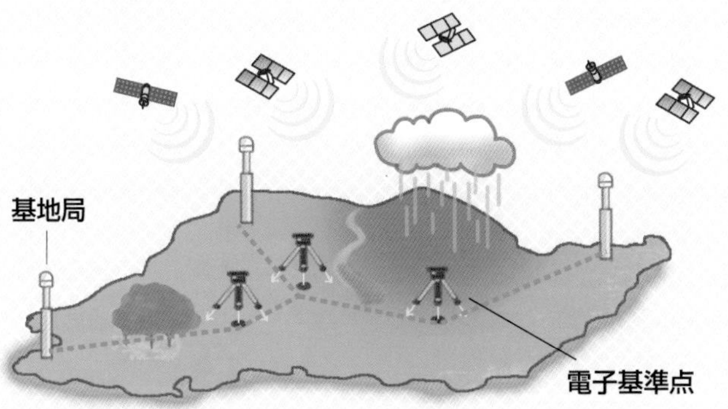

電子基準点とは、全国約1300か所に設置されたGNSS連続観測点のこと。上部にGNSS衛星からの電波を受信するアンテナが、内部に受信機と通信用機器などが収められている。また、仮想基準点方式（VRS）のサービスとは、電子基準点がないところに仮想基準点を作って衛星からの電波を受信し、そのデータを用いるもの。作業する人が携帯電話でVRSのデータセンターに自己位置を送ると、センターがその位置の近くに仮想基準点を設置する。

通信業者による低コスト・高精度な測位サービス

●2つの測位サービスの特徴

低コストかつ高精度な測位サービスは、現在NTTドコモとソフトバンクといった通信業者が着手しています。

NTTドコモのシステムは、自動運転農機に必要な正確な測位・位置情報を得るために、米国が運用しているGPSだけでなく、準天頂衛星「みちびき」を含めたGNSSが使用されます。また、NTTドコモが提供するGNSS位置補正情報配信基盤やクラウドで測位の演算を行うもので、通常のGPSよりも精度が高いRTK－GNSSが使用されます。

ソフトバンクのシステムもRTK－GNSSを使う点ではNTTドコモと同じですが、先にも述べた電子基準点の数が異なっています。

NTTドコモは国土地理院が設置した約1300か所の電子基準点と、その補完として数百か所の独自固定局を用いますが、ソフトバンクは既存の電子基準点を使用するのではなく、同社独自の基準点約3300か所を設置する方針を採用しています。基準点が多ければRTK－GNSSの安定した高精度の測位が期待できると考えられています。

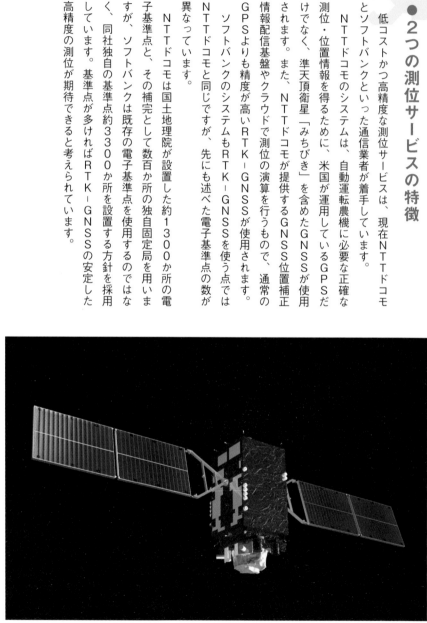

準天頂衛星みちびき2・4号機のCG画像（出典：qzss.go.jp）

高精度な測位サービス

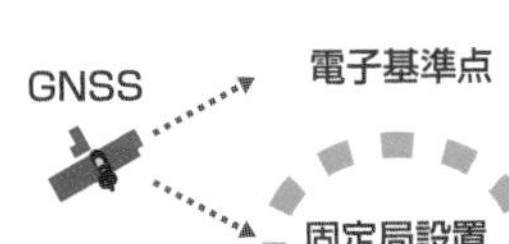

「人工衛星」「クラウドGNSS」「電子基準点＋固定局」「ロボット農機」のネットワークで、高精度な測位が可能になる。

Column

ビークルロボティクス研究について①

茶園管理用のロボット摘採機MCRT12VF
(出典:松元機工株式会社)

ビークルロボティクスについては、自動化のレベルが①〜③の3段階あります。自動化レベル①はオートステアリングで、自動操舵システムは全国的に普及しつつあります。「軽労化」や「運転技術がなくても正確に作業できる」という点は魅力的で、価格も安くなってきています。

自動化レベル②は2018年の秋に商品化した無人機です。トラクタが最初でしたが、最近は田植え機も出てきています（コンバインはもう少し時間がかかりそうです)。他には、茶園管理のロボット(上の写真）や草刈り機などの移動体ができています。

これから実現されていく自動化レベル③は「遠隔監視」、無人のロボット農機を遠隔監視する段階です。それから、圃場と圃場の間の無人移動で、これは現在、「道路交通法」が禁止しています。

公道を無人で走らせるわけにはいかないのですが、現状では警察庁が「一般の用に供さない道路、農道であれば、道路管理者の判断で農道を封鎖などして車両通行を禁止または制限し、ロボット農機を走らせる」ことまでは認めるようになっています。すなわち人や車があまり通らない農道であれば、無人農機の圃場間移動が許容されるようになってきています。

あとは、自動化レベル③の農機はだれが所有し、どのように使うのが合理的かということも検討に値します。自動化レベル②の農機では個々の農家が所有して、従来の農機の使い方で通用するのですが、自動化レベル③になると遠隔監視で複数の農機を同時に動かすことが可能になりますから、個々の農家が所有する機械ではなくなります。そうなると、このような機械はどのように運用するか、その辺りのビジネスモデルの構築が課題になってきます。今後の実用化に向けて残されている課題と言えるでしょう。

第3章

農業データ連携基盤（WAGRI）

求められる農業データ連携基盤

●各サービスの相互連携が重要

今まで、水田農業を例として農業におけるＳｏｃｉｅｔｙ５・０の達成状況を見てきました。

ですが、現在の問題点の１つとして、様々な農業ＩＣＴサービスが生まれているにもかかわらず、各社のシステム間で相互連携がなされていないということが挙げられます。これではＡ農場で使われている農業ＩＣＴサービスが、Ｂ農場のそれと連携できないため、情報を共有することができず、結局農場ごとの生産や経営にばらつきが出てしまうということになります。さらに、行政やおのおのの研究機関におけるデータが、インターネットなどにバラバラに存在し、容易に活用できていないという現状もあります。

目先の儲けにこだわらず、情報を広く共有することがひいては個々の農家・農場の、そして地域全体の利益向上や活性化に寄与するということが、Ｓｏｃｉｅｔｙ５・０の基本にあります。情報を自分だけのものとするのではなく、公開して広く活用することでビッグデータとなり、最終的に日本農業の発展につながるとともに、個人の利益に還元されることが期待できます。こうしたことから、Ｓｏｃｉｅｔｙ５・０農業においては、まず「農業データ連携基盤」の確立が望まれていました。

スマート農業では、以下の様々なデータや情報が必要となります。

・センサーデータ：農地などに設置された機器などから
・リモートセンシングデータ：人工衛星やドローンなどから
・収量データ：実測調査から
・土壌データ：土壌養分・水分量など
・気象データ：気温、日照時間など
・品種、栽培データ：品種特性、栽培方法など
・資材データ：農薬や肥料の適用、作物や使用料など
・市況データ：卸売市場の市況情報など

これらの基礎データを農業データ連携基盤にアップロードし、データ連携基盤からの情報・データを利用して民間の供給者（ベンダーといいます）がサービスを開発・提供、農業従事者がそれを活用してデータに基づく戦略的な経営判断を行うというのが全体像です。

様々なデータを統合・分析する上で有効な農業データ連携基盤と農業従事者の間は、情報のやり取りの上で「双方向」であり、農業従事者からのデータも農業データ連携基盤に送られることとなり、分析する際の新しいデータとして利用されます。

スマート農業に必要なデータ

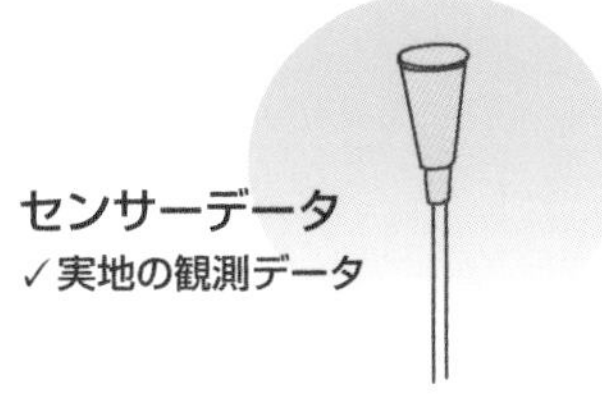

センサーデータ
✓実地の観測データ

リモートセンシングデータ
✓地形、作物窒素ストレスなど

土壌データ
✓肥沃度、水分など

収量データ
✓農作物の収量など

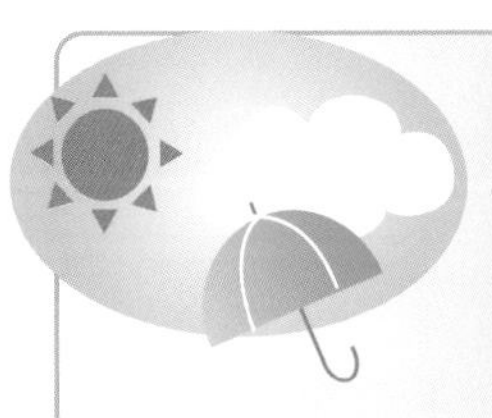

気象データ
✓気温、日照時間など

品種、栽培データ
✓品種特性、栽培方法など

資材データ
✓農薬、肥料の適用作物や使用料など

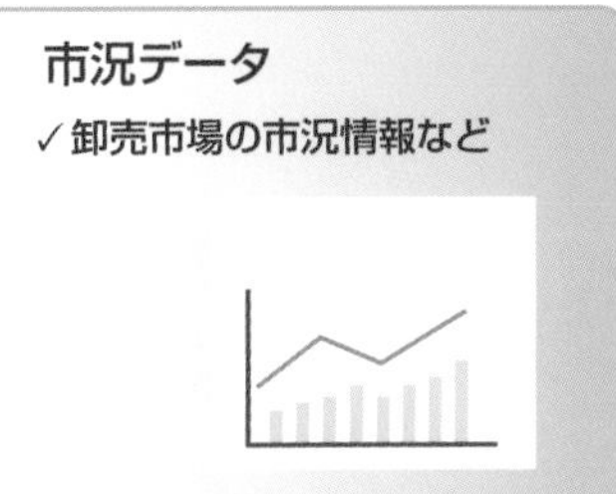

市況データ
✓卸売市場の市況情報など

求められる農業データ連携基盤の確立

多圃場営農管理システム
（営農計画シミュレーション）
・生産支援システム
・早期警戒・栽培管理システム
・自動水管理システム
・作業情報データベース

農地借入、販売計画などを入力

データの統合・分析に基づく最適な営農計画を出力

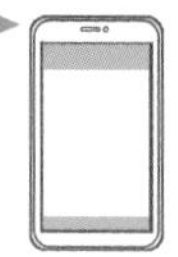

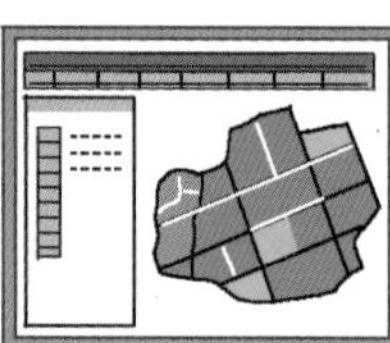

スマート追肥機

自動走行コンバイン

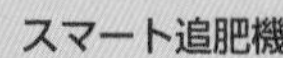

センサーなどからのデータ入力

スマート農機への作業指示

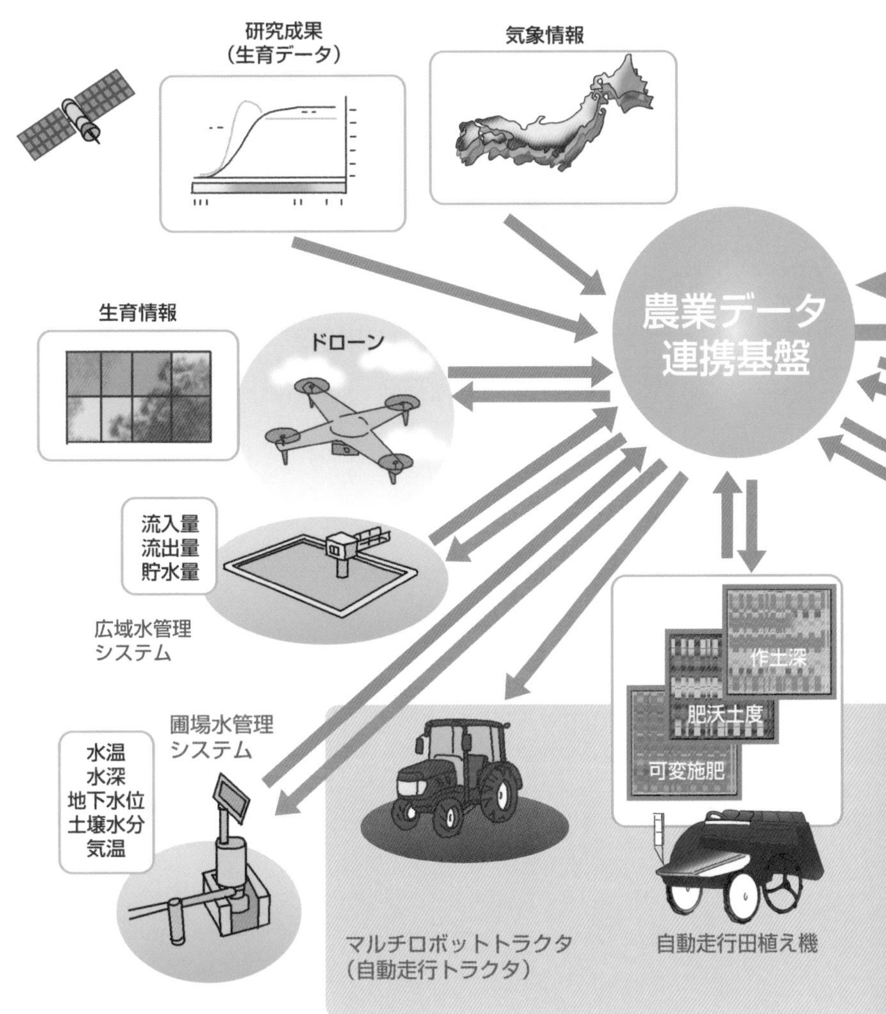

様々な農業ICTサービスが展開されているが、各社のシステム間で相互連携がなされていない。また、行政や研究機関のデータが個別に存在し、容易に活用できていないという現状がある。それらを解決し、日本農業の発展や個人の利益に還元されることが期待されているのが「農業データ連携基盤」である。

農業データ連携基盤による Society 5.0 の概要

気象データ

✓気温、日照時間など

品種、栽培データ

✓品種特性、栽培方法など

資材データ

✓農薬、肥料の適用
作物や使用料など

市況データ

✓卸売市場の市況情報など

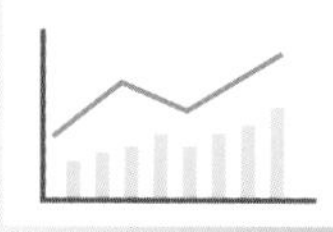

データに基づく戦略的な経営判断

民間ベンダーがデータを利用してサービスを開発・提供

・様々な農業ICTサービスが生まれているが、各社システム間の相互連携がない
・行政や研究機関のデータがバラバラに存在し、容易に活用できない

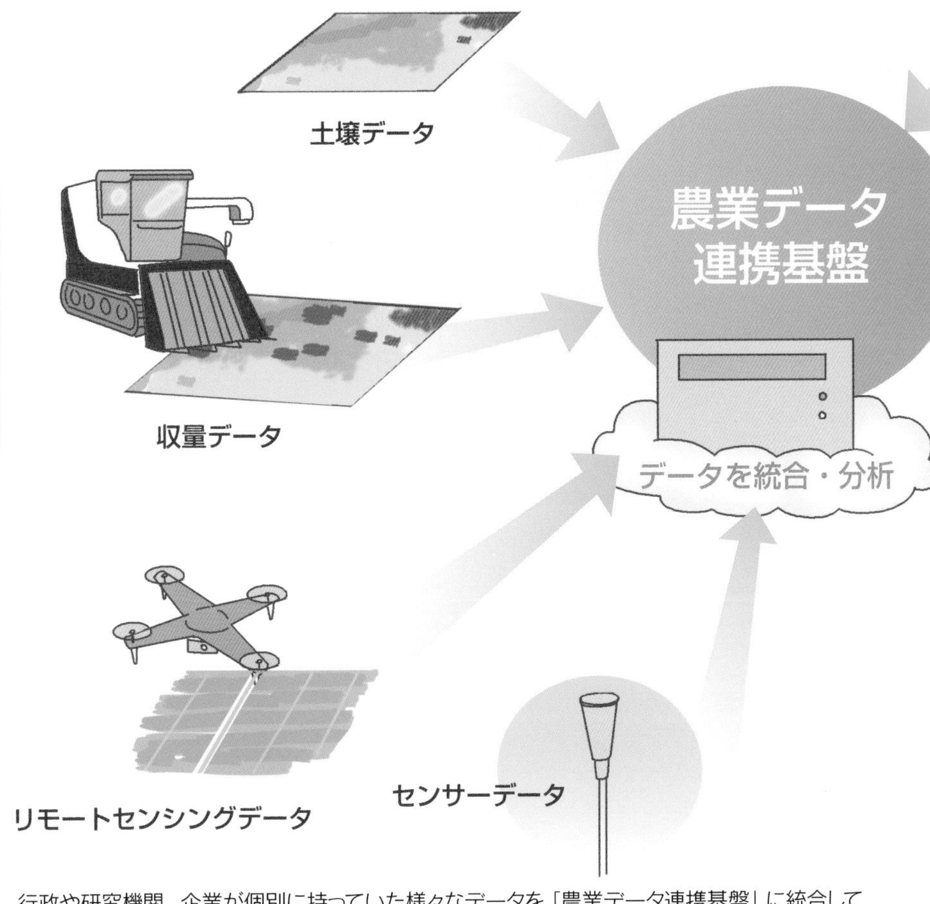

行政や研究機関、企業が個別に持っていた様々なデータを「農業データ連携基盤」に統合して分析し、それに基づいてITベンダーや農機メーカーが提供するサービスを利用して、それぞれの農業従事者が戦略的な判断を行う。農業データ連携基盤と農業従事者の間は、情報のやり取りの上で「双方向」。農業従事者からのデータも、分析する際の新しいデータとして利用される。

農業データ連携基盤（WAGRI）の構造

●WAGRIとは

前項で見てきた概念を有する農業データ連携基盤として現在、農業ICTサービスを提供する民間企業が協力して整備しているのが「WAGRI」です。その目的は、WAGRIを通じて気象や農地、地図情報などのデータ・システムを提供し、民間企業が行うサービスの充実や新たなサービスの創出を促すことで、農業者などが様々なサービスを自由に選択し活用できるようにすることです。

WAGRIにはまず、民間企業や団体、官公庁、農研機構といった「データ・システム提供者」から多くのデータが提供されています。それらのデータに基づき、下記のAPIが用意されます。

APIというのは、前にも述べたように、複数のアプリケーションなどを接続（連携）するために必要な仕組みのことで、これによってデータの利用環境にかかわらずアクセスでき、柔軟にデータを利用することができるようになります。これらのデータ・システムは「パブリック・データ」といわれます（有償提供も含まれます）。

この他にWAGRIには、農業者個々人が安全に自分のデータを保存・管理できる「プライベート・データ（またはクローズド・データ）」、パブリック・データやプライベート・データのマスター系を定義したデータを提供する「マスターデータ」なども存在します。

農業者は、民間の供給者（ベンダー）である農機メーカーやICTベンダーから、おのおのの経営形態に応じて受けられる農業サービスを選択し、活用します。一方、これらの民間ベンダーはWAGRIを通じてデータ・システムを得て、おのおの農業に関連した新しいサービスを作り、農業者に提供することとなります。

この活用者である農業者と、供給元であるベンダーとの間は「双方向」であり、農業者からの利用における データもWAGRIに送られて、新たなデータとして活用されます

パブリック・データ（有償提供を含む）

- 気象API
- 農地API
- 地図API
- センサーAPI
- 育成予測API
- 土壌API
- 統計API

気象や土地、地図情報などに関する様々なデータ・システムを提供する

農業データ連携基盤（WAGRI）の３つの機能

●「連携」「共有」「提供」で生産性向上

このようにWAGRIは「農業ICTの抱える課題を解決し、農業の担い手がデータを使って生産性向上や経営改善に挑戦できる環境を生み出すためのデータ連携・共有・提供機能を有するデータプラットフォーム」と位置付けられており、現在、実際の農業現場で導入されています。

WAGRIの機能を大きくまとめると、「連携」「共有」「提供」の3つになります。

まず「連携」させることでデータごとにある障壁をなくし、次に壁をなくしたことでデータを「共有」することが可能となり、それによって柔軟に様々なデータを整備することで農家に役立つ情報を「提供」することが可能となるわけです。

WAGRIは、この3つの機能によって、様々なデータを駆使して生産性を向上し、経営改善に取り組むことを可能にさせているのです。

❶**データ連携機能**：ベンダーやメーカーの壁を超えて、様々な農業ICT、農機やセンサーなどのデータの連携が可能になる機能

❷**データ共有機能**：一定のルールの下でのデータ共有が可能になり、データの比較や、生産性の向上につながるサービスの提供が可能になる機能

❸**データ提供機能**：土壌や気象から市況に至るまでの様々なデータを整備し、農家に役立つ情報を提供する機能

WAGRI の構造

農業データ連携基盤（WAGRI）は、農業ICTサービスを提供する民間企業の協調領域として整備を進めている。

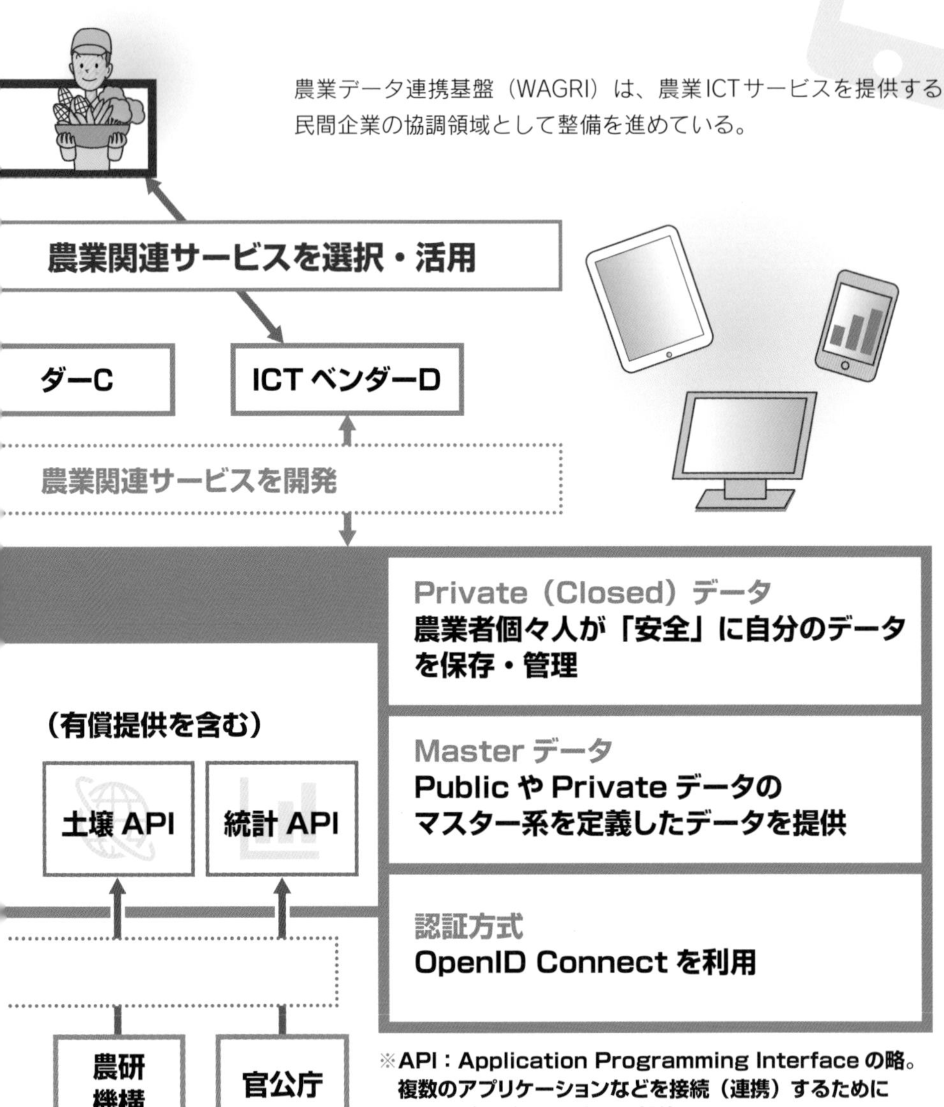

※API：Application Programming Interface の略。複数のアプリケーションなどを接続（連携）するために必要なプログラムを定めた規約のこと。

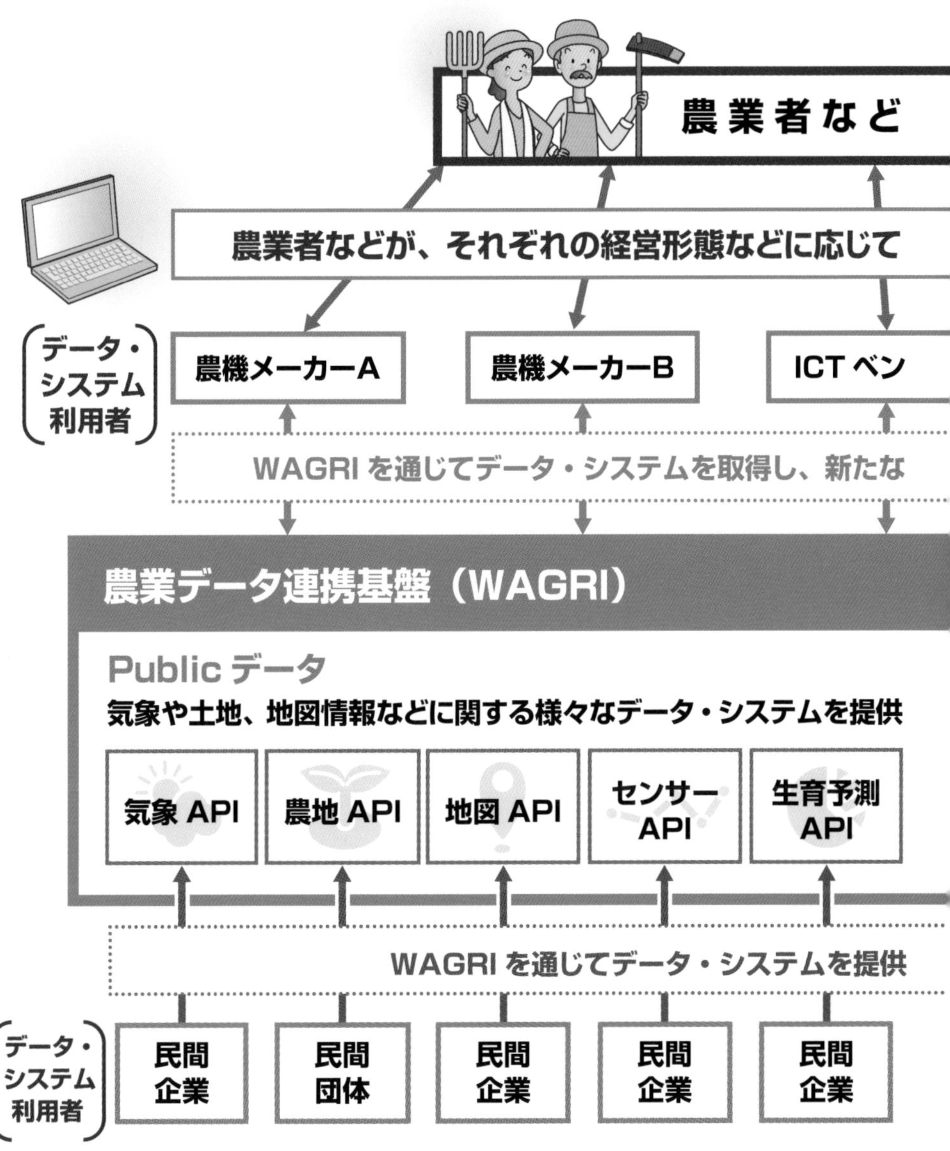

WAGRIを通じて気象や農地、地図情報などのデータ・システムを提供し、民間企業が行うサービスの充実や新たなサービスの創出を促すことで、農業者などが様々なサービスを選択・活用できるようにする。

第3章 農業データ連携基盤（WAGRI）

WAGRIの3つの機能

共有機能

でのデータ
データの比較や、
ながるサービスの

データ提供機能

土壌、気象、市況などの様々なデータなどを整備し、農家に役立つ情報の提供が可能になる。

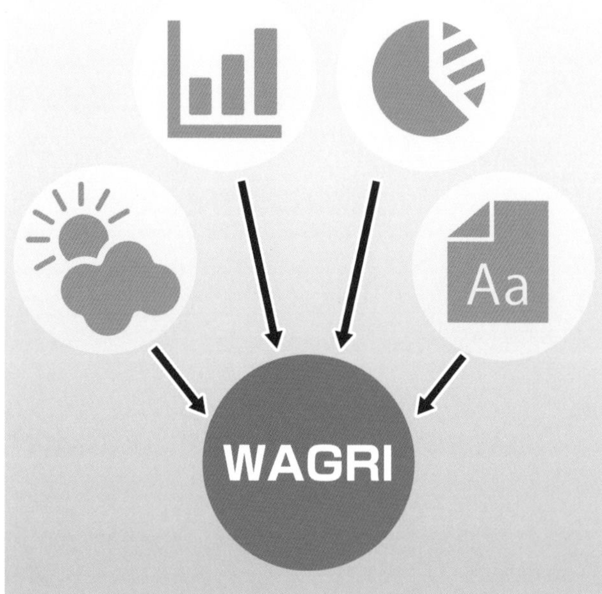

経営改善に取り組むことが可能になる。

データ連携機能

**ベンダーやメーカーの壁を超えて、
様々な農業 ICT、農機やセンサーなどの
データ連携が可能になる。**

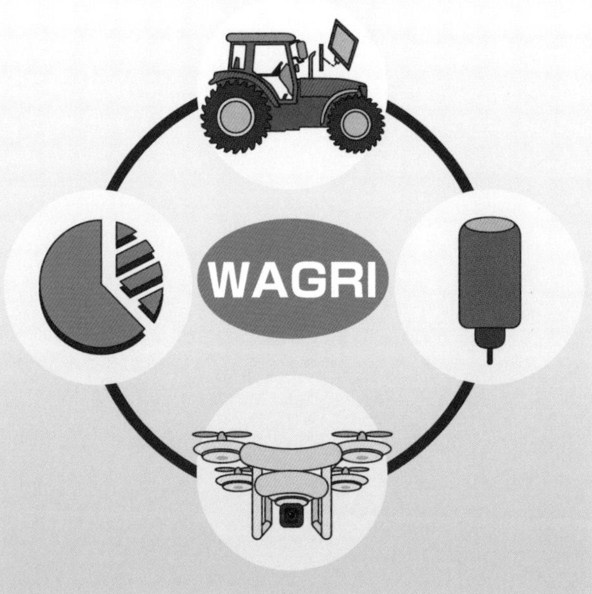

データ

**一定のルールの下
共有が可能になり、
生産性の向上につ
提供が可能になる。**

様々なデータを駆使して生産性向上・

農業ICTサービスのシステム間の相互連携の悪さ、個別に存在して容易に活用できない行政や研究機関のデータなど、農業ICTが抱える課題を解決し、様々な農業の担い手がデータを駆使して、生産性向上や経営改善に挑戦できる環境を生み出すためのデータプラットフォームが農業データ連携基盤（WAGRI）。その3つの機能は「データ連携機能」「データ共有機能」「データ提供機能」である。

データ連携機能のサービス例

●各データを1つの管理システムにまとめて表示

データ提供機能については、今までその概要を説明してきたので、ここでは、残り2つの機能について取り上げたいと思います。まずは「データ連携機能」についてです。

データ連携機能の例としては、ＷＡＧＲＩ（農業データ連携基盤）のような農業データ基盤を通じて民間企業が提供する営農管理システムに背景地図（航空写真や地形図）、圃場筆ポリゴン、土壌データ、生育予測システム、メッシュ気象データを取り込み、重ね合わせて表示することができるようになり、作業適期などを管理することが可能になります。

ベンダーやメーカーの壁をなくすことで、土壌データやメッシュ気象データなどの各データを、1つの民間企業が提供する営農管理システムの表示に盛り込むことができるようになるわけです。

10日	11日	12日	13日	14日	15日
0%	20%	80%	100%	90%	30%
25℃	25℃	22℃	20℃	22℃	26℃
15℃	15℃	14℃	16℃	18℃	20℃

1kmメッシュ
気象予報

土壌データ

背景地図
（航空写真、地形図）

データ連携機能を示す画面の例

農業データ連携基盤を通じて民間企業が提供する営農管理システムに背景地図（航空写真や地形図）、圃場筆ポリゴン、土壌データ、生育予測システム、メッシュ気象データを取り込み、重ね合わせて表示することができるようになり、作業適期などを管理することが可能になる。

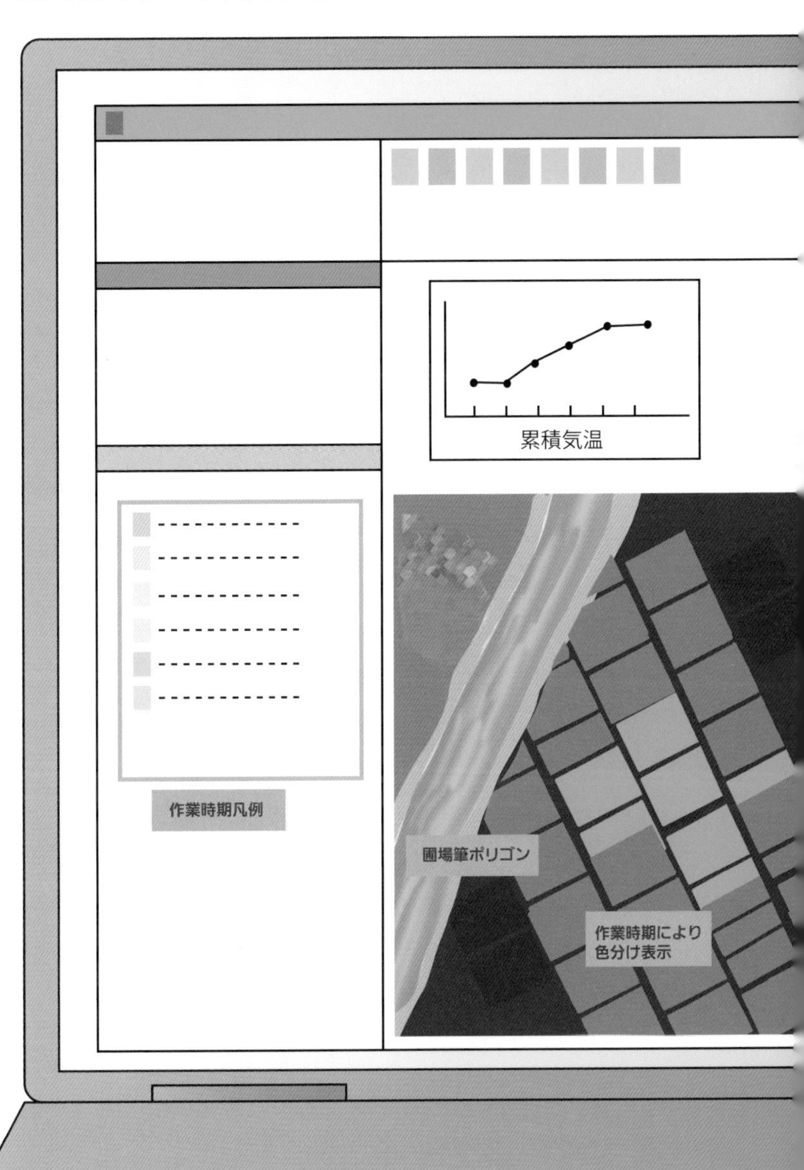

データ共有機能のサービス例

●異なるメーカーなどのデータを生産者が共有

現在、異なる農機メーカーなどのセンシングデータや作業データを、農業データ連携基盤を介し、生産者同士で相互に参照・活用するモデル事例構築に取り組んでいます。これにより、モデル地域でのデータ共有が可能となれば、本格的な稼働も期待できます。具体的には次のような図となります。

例えば下と左ページの図では、ある地域においてモニター農家の人たちでデータが共有されています。そして、その地域のある農家の人が「作業が残っている圃場があるな。このデータからするとA社のNo・3農機が空いているから、それで対応させよう」という判断ができるようになるわけです。

データ共有機能は、ユーザー側がデータを共有する仕組みです。農業を地域産業として考える場合、農作物を市場へ「定時・定量・定品質・定価格」で出すためには、地域内で品質のよいものを安定的に生産するために必要なデータを、地域で共有しなければなりません。その際に活用できるのが、農業データ連携基盤のデータ共有機能なのです。

データ共有機能の一例

モデル地域でのデータ共有

異なる農機メーカーなどのセンシングデータや作業データを、
農業データ連携基盤を介し、
生産者同士で相互に参照・活用する
モデル事例構築に取り組んでいく。

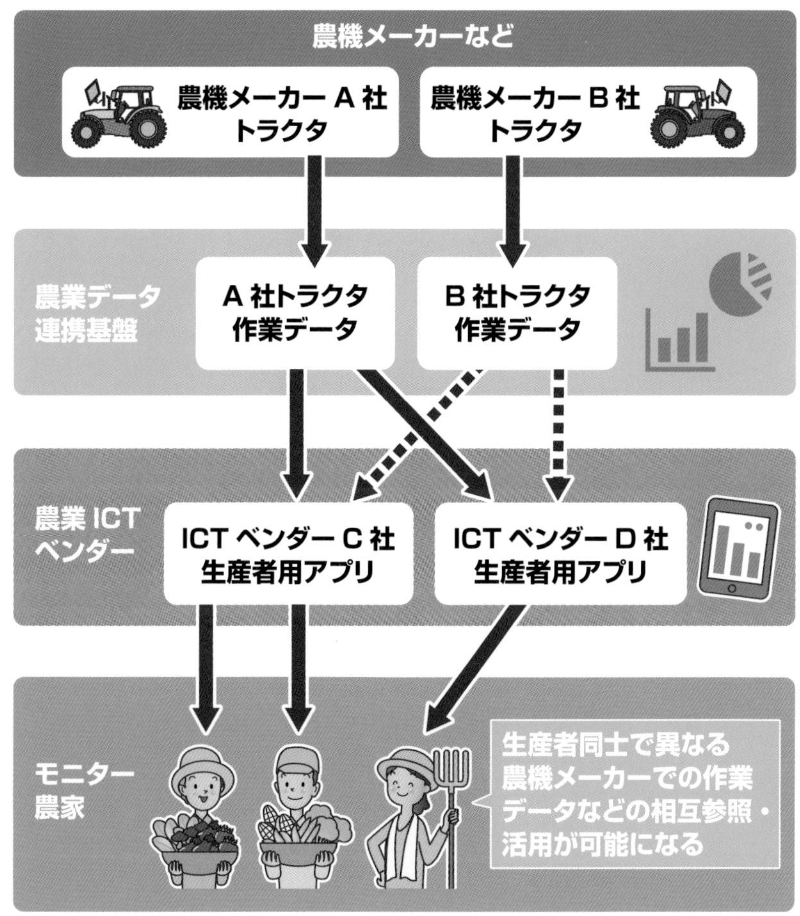

農業を地域産業として考える場合、品質のよい農作物を安定的に生産するために必要なデータは、地域で共有しなければならない。

Column

ビークルロボティクス研究について②

現在、ロボット農機が行える作業の種類は、まだ多くはありません。耕うんや田植え作業はできますが、播種や施肥、収穫についてはロボット化されていないので、これらの作業を無人で行える作業機の開発が求められます。

ドローンによって播種や施肥、農薬の散布を行う技術開発・社会実装も進んでいます。これも１つの方向ですが、ドローンはペイロード（最大積載量）の制限があります。当然ですが、トラクタであればドローンの何倍もの資材を積むことができます。

一方で、ロボット農機の小型化も課題です。日本の農地は、大型のトラクタなどが入れない中山間にあるものも多いので、そのような農地において作業できる小型ロボットの開発が求められます。

ロボット農機は大型のほうが効果が出やすいという面があります。したがって、大規模農家で使う大型のロボット農機から現場実装は進んでいます。価格の点からも、無人化に必要な装置自体の価格はある程度固定されていますから、小型農機よりも大型農機に装備するほうが価格上昇率は低くなり割安感を生むことになります。

これからのビークルロボットが目指す方向は次のようなものが挙げられるでしょう。

１つめは、棚田を含めた日本に多い中山間の小さな農地に使うような小型の機械を無人化していくこと。２つめは、自動化レベル③のような遠隔監視・圃場間移動をもっと効果的に行えるようにし、複数の農機を同時に遠隔監視すること。３つめは、ロボット農機をいろいろな作業に使えるようにしていくこと。４つめは、農機をより「賢くする」こと。今は単純な農作業使用に限られていますが、これからは、必要な箇所に必要な肥料や農薬を適切な量散布するなど、熟練農家が持っている技術をロボット農機に付与することが重要です。

第4章

スマート農業の実証

農林水産省 スマート農業実証プロジェクト

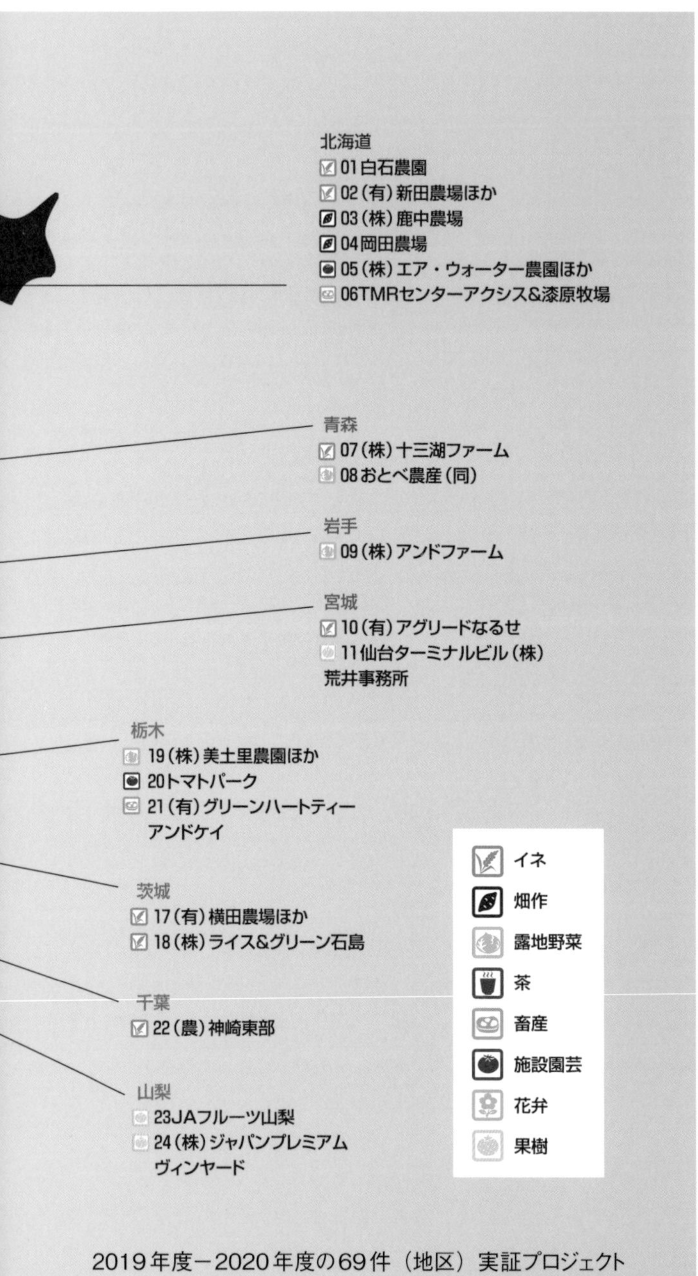

2019年度ー2020年度の69件（地区）実証プロジェクト

●全国の参加農場

農林水産省は、２０１９年度より「スマート農業実証プロジェクト」を実施しています。これは、「スマート農業が実際にどれほどの効果があるものなのか」ということを、北は北海道から南は九州・沖縄に至る全国69件（地区）の平場や中山間地域でスマート農業を実際に行って実証するもので、スマート農業の社会での定着・実施を加速させることを目的としています（２０１９年度ｰ２０２０年度は69件（地区）、２０２０年度ｰ２０２１年度は52件（地区）。

北海道、東北、関東甲信・静岡の参加農場

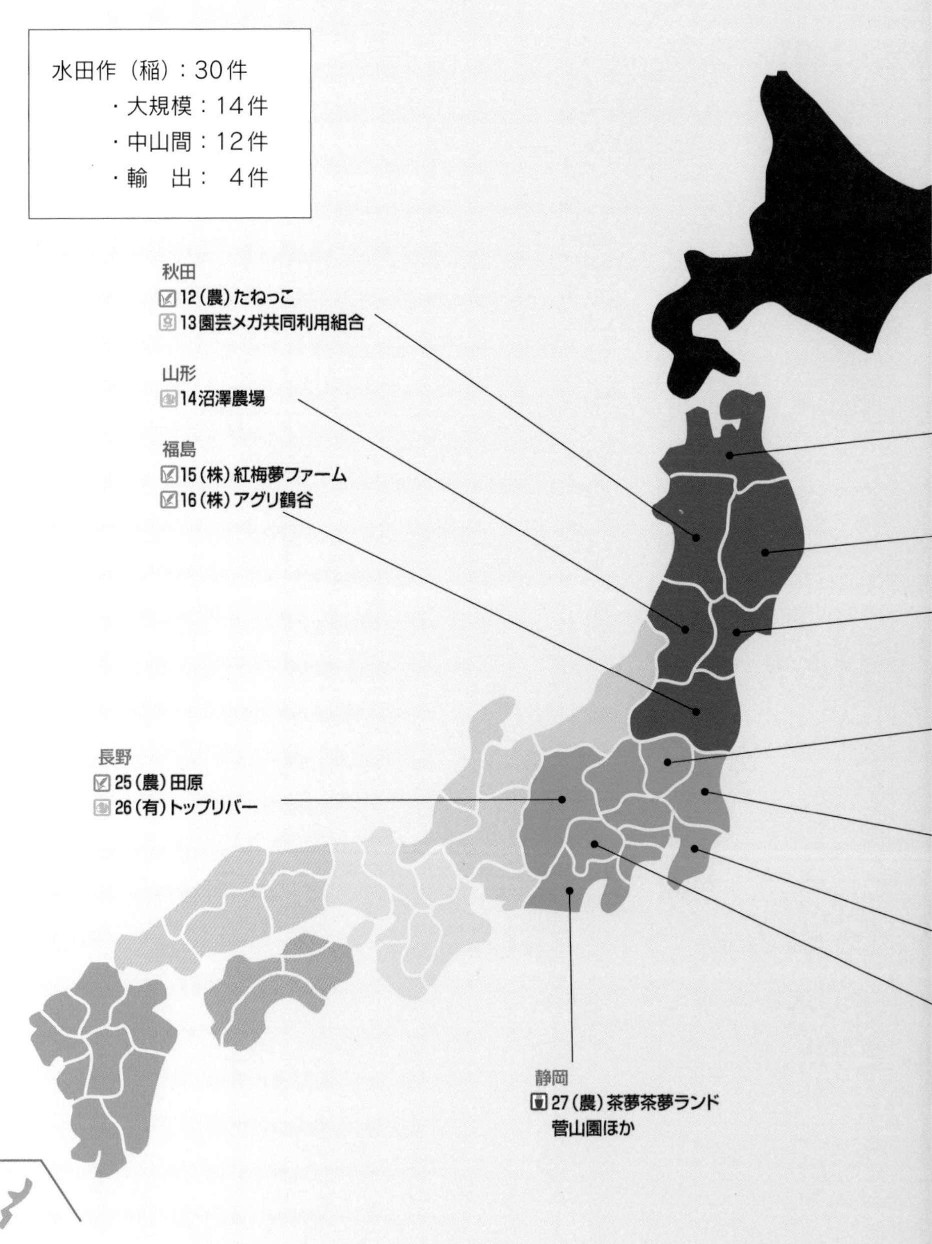

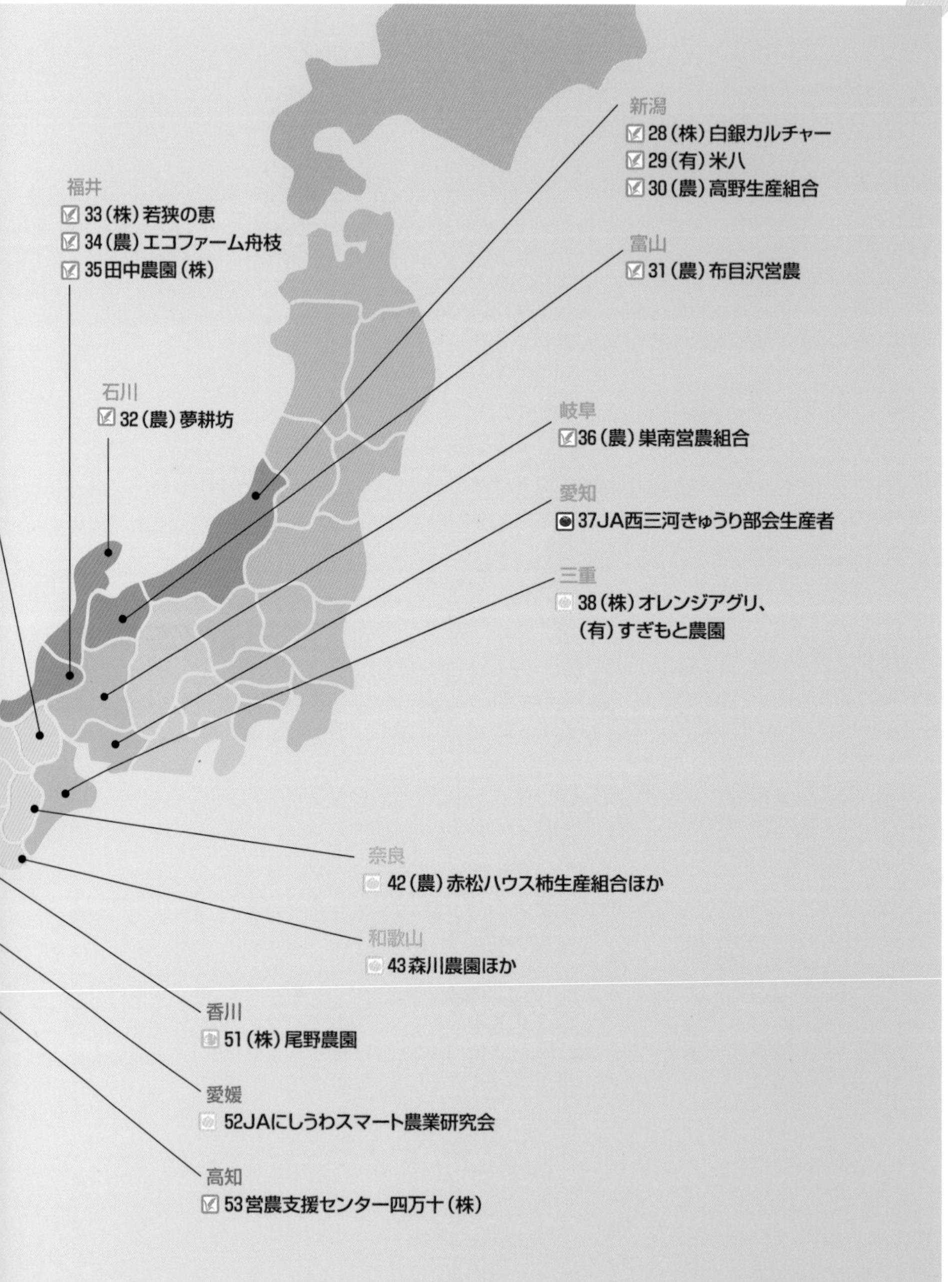
新潟
28（株）白銀カルチャー
29（有）米八
30（農）高野生産組合
富山
31（農）布目沢営農
福井
33（株）若狭の恵
34（農）エコファーム舟枝
35田中農園（株）
石川
32（農）夢耕坊
岐阜
36（農）巣南営農組合
愛知
37JA西三河きゅうり部会生産者
三重
38（株）オレンジアグリ、
（有）すぎもと農園
奈良
42（農）赤松ハウス柿生産組合ほか
和歌山
43森川農園ほか
香川
51（株）尾野農園
愛媛
52JAにしうわスマート農業研究会
高知
53営農支援センター四万十（株）

北陸、東海、近畿、中国・四国、九州・沖縄の参加農場

島根
44（有）グリーンサポート斐川、
（農）上直江ファーム、常松種苗（株）

岡山
45（株）ファーム安井
46（農）寄江原

広島
47（農）ファーム・おだ
48（株）vegeta
49松岡農園ほか

山口
50（農）うもれ木の郷
（農）むつみ

滋賀
39（有）フクハラファーム

京都
40（農）ほづ

兵庫
41（株）Amnak

福岡
54（株）RUSH FARMほか

佐賀
55（有）アグリベースにいやま

長崎
56JAながさき西海農協させぼ
広域かんきつ部会

熊本
57（株）東洋グリーンファーム
58JA阿蘇いちご部会委託部
59JA熊本市園芸部会茄子部会ほか

鹿児島
64（農）土里夢たかた
65（有）南西サービス
66JAそおピーマン部会
67鹿児島堀口製茶（有）
68霧島第一牧場

沖縄
69アグリサポート南大東（株）

大分
60（株）オーエス豊後大野ファーム
61タカヒコアグロビジネス

宮崎
62（株）ジェイエイフーズみやざき
63（有）新福青果

スマート水田農業の全体像

●超省力・高生産のスマート水田農業

Ｓｏｃｉｅｔｙ５・０に基づくスマート農業は、ロボット技術やＩＣＴ（情報通信技術）、ゲノムなどの先端技術を活用し、超省力・高生産のものとなることが予想されます。

●サイバー空間では

具体的に水田農業を例として、どのようになるかを見てみましょう。サイバー空間では、まず「多圃場営農管理システム」という営農計画シミュレーションが中心に設置されます。これは、

・生産支援システム
・早期警戒・栽培管理システム
・自動水管理システム
・作業情報データベース

などからなっており、いわば全体を統括するシステムとなります。

多圃場営農管理システムには、ＷＡＧＲＩを介した気象情報だけでなく、離れたところからデータを集めるリモートセンシング機能を持ったドローンからの水田の情報や、同じく人工衛星による農作物の生育情報、その他、貯水池の貯水量や水の流入出量、水田にある圃場水管理システムによる水温や水深、土壌水分や気温の情報、さらに今までの育成データ（研究成果）などが経時的に集められてきます。

●フィジカル空間では

一方、フィジカル空間（現実空間）では、多圃場営農管理システムからの指示によって自動走行トラクタなどのロボット農機やスマート農機が仕事を行います。例えば肥料の変更などの指示はスマート田植え機に、作物の生育量の情報や肥料の変更などはスマート追肥機に、収穫作業の指示は自動走行コンバインに出すという仕組みです。

当然、これらのスマート農機からも、水田現場からの情報が多圃場営農管理システムに伝送されて、判断や指示のためのデータとして活用されます。

さらに農業従事者が農地の借入や販売計画を多圃場営農管理システムに入力すると、今まで述べてきたデータを統合・分析し、それに基づいた最適な営農計画が出力されます。

無人で稲の苗を植えつけるロボット田植え機。

将来的なスマート水田農業（全体像）

サイバー空間

多圃場営農管理システム
（営農計画シミュレーション）
・生産支援システム
・早期警戒・栽培管理システム
・自動水管理システム
・作業情報データベース

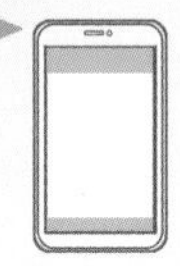

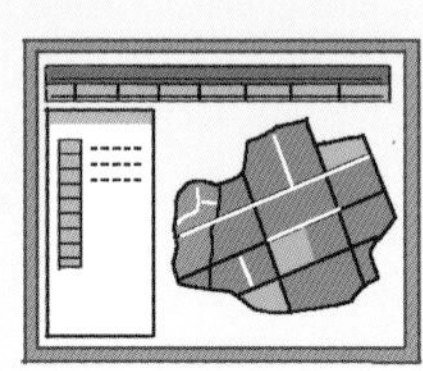

スマート追肥機

自動走行コンバイン
スマートコンバイン

フィジカル空間

報のフィードバックがある。さらに、農地の借入や販売計画を「多圃場営農管理システム」に入力すると、最適な営農計画が出力される。

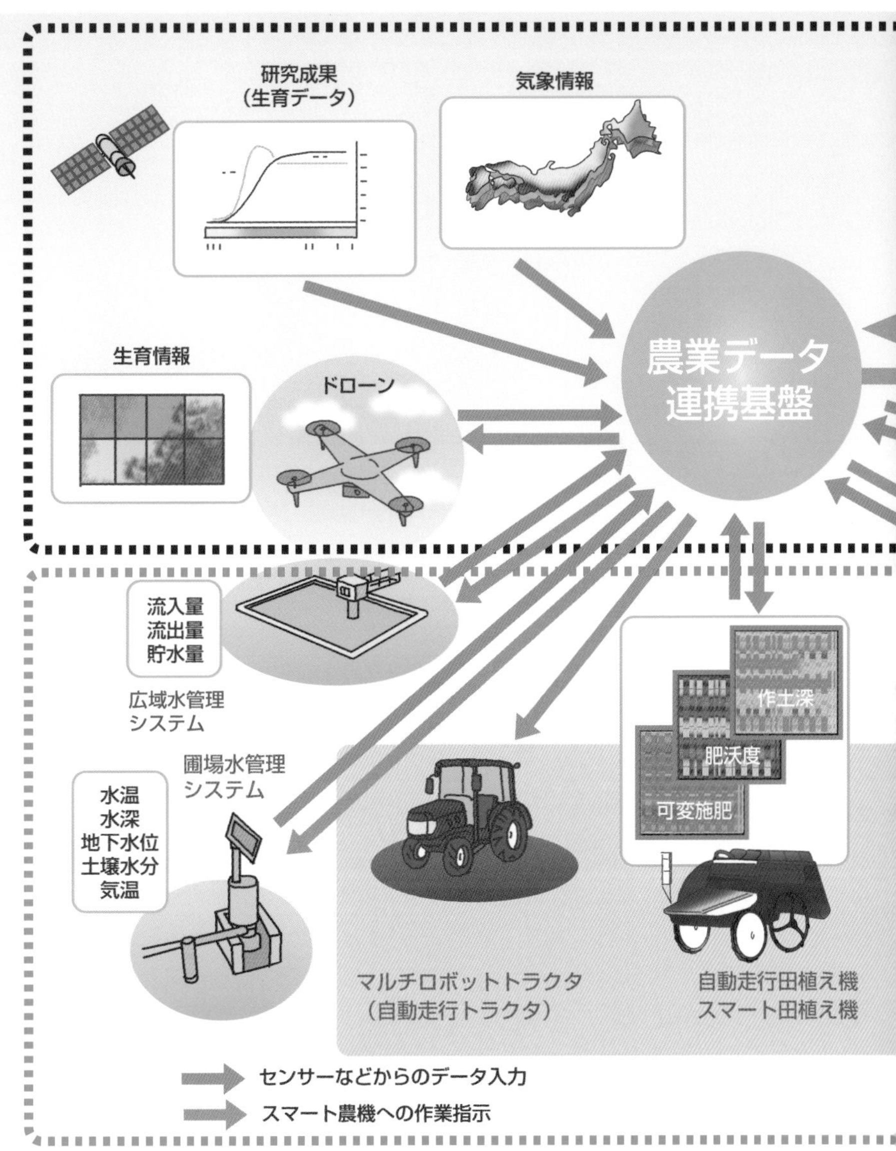

サイバー空間では「多圃場営農管理システム」により、水田の生育情報、圃場水管理情報、育成データなどは収集、分析。フィジカル空間では「多圃場営農システム」からの指示でロボット農機やスマート農機が作業を行い、同時にスマート農機からの情

スマート水田農業の経営評価

内閣府のSIP（戦略的イノベーション創造プログラム）を導入したスマート水田農業は、実際にどれぐらいの経営を達成することができるのでしょうか。

千葉県横芝光町の作付面積112haのパイロットファーム（大規模実証圃場）における実証実験データなどを基に、生産コスト・農業所得を試算してみると、生産コストは60kg当たり9064円と、政府目標である4割削減（9600円）を達成し、1人当たりの栽培面積の拡大によって1人当たりの農業所得は年790万円となり、SIP導入前の546万円と比較して45%増加しました。

また、自動化による作業時間の削減率は、次のようになりました。

作業	削減率
水管理	70%
耕起	30%
田植え	40%
収穫	30%

スマート水田農業の経営評価の一例

千葉県横芝光町パイロットファーム 作付面積：112ha

における実証実験データなどを基に 生産コスト・農業所得を試算した

生産コストは 9,064 円／ 60 kg
政府目標 **4 割削減（9,600 円）**を達成 、

1 人当たり栽培面積の拡大により
1 人当たり農業所得は 790 万円／年となり、

SIP 導入前（546 万円／年）と比較して **45% 増加**した。

	1人当たり 農業所得（万円）	60 kg当たり 米生産費（円）
パイロットファーム SIP	790	9,064
目標（5 割削減）	—	8,000
50ha 以上層（参考・統計値）	575	13,241

SIP ➡戦略的イノベーション創造プログラム　**パイロットファーム** ➡大規模実証圃場

水稲作に関して、上記の実証実験では、SIP（戦略的イノベーション創造プログラム）の導入前と導入後では、60kg当たりの生産コストは43.35%削減し、1人当たりの農業所得は45%増加した。

水田農業をスマート化する意義

平成28年10月25日付の農林水産省のデータによると、日本の耕地面積（450万ha）のうち、54・4％が水田となっています。このことからも、水田農業をスマート化する意義は大きいものであり、その意味で、「日本農業のイノベーション＝水田農業の変革」といっても過言ではないでしょう。

そのために行うべきこととして、SIPの開発技術の面では、1つに「土地生産性の飛躍的向上」があります。ここでは、ゲノム編集技術による超多収品種の作出、精密施肥システムによる安定生産の確保、ドローンなどを用いた空間診断技術による生産支援などを達成します。もう1つは「労働生産性の飛躍的向上」で、ここでは、ロボット農機・スマート農機の導入や、水管理の自動化、多圃場営農管理システムによる作業計画の最適化などを達成します。

SIP開発技術によるこの2つの施策によって、米の生産コストの大幅削減（50％減）と営農規模の拡大（家族農家で40ha、法人農家で100ha）、栽培作物と栽培面積の選択自由度の増加が期待できます。

政府の水田農業における「農業ビジネスモデルの多様化」の戦略は、次ページのようになっています。この3つの戦略に基づいて「農業構造改革の促進」が達成できると考えられています。

先にも述べたように、日本の耕地面積の半分以上を占める水田農業をスマート化することには、大きな意義があると言えるでしょう。

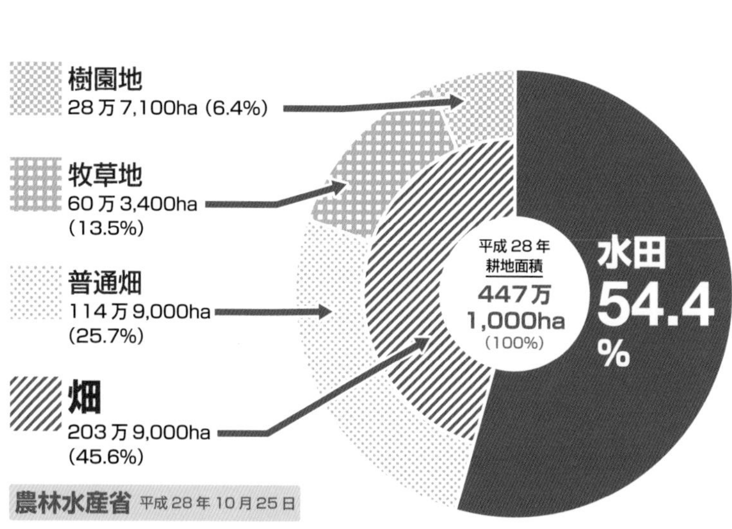

水田農業スマート化の意義❶

日本農業のイノベーション ＝ 水田農業の変革

日本の耕地面積（450万ha）のうち**54％**が水田

SIP 開発技術

土地生産性の飛躍的向上

- ゲノム編集技術による**超多収品種作出**
- 精密施肥システムによる**安定生産**を確保
- ドローンなどの**空間診断技術**による生産支援 他

労働生産性の飛躍的向上

- ロボット農機・スマート農機
- 水管理の**自動化**
- 多圃場営農管理システムによる**作業計画の最適化** 他

米の生産コストの大幅削減

営農規模の拡大

家族　40ha
法人　100ha

栽培作物と栽培面積の**選択自由度の増加**

水田農業スマート化の意義❷

農業ビジネスモデルの多様化

戦略 1 米生産をさらに増やす

戦略 2 花き・野菜などを導入して大規模複合経営を目指す

戦略 3 農産物輸出、加工流通など事業の拡大を図る

農業構造改革の促進

兼業農家の離農が進み、担い手への農地集積がさらに加速する

SIP技術の導入効果が向上する

圃場の大区画化・情報化が進む

第5章

今後のスマート農業の展開

将来のスマート農業の展開について

●予想される将来のスマート農業とは

現在進められているスマート農業について説明してきましたが、それではさらに将来のスマート農業の展開はどうなることが予想されるのでしょうか？　それは次のものが考えられます。

①小型スマートロボット
②ロボット作業の拡大
③スマート営農システム×スマートフードチェーン
④スマート露地野菜生産・スマート果樹生産
⑤スマートフィールド×スマートアグリシティ

「スマートフードチェーン」とは、農産物や食品のニーズなどの情報を産業の枠を超えて提供することで最適な生産体制を確立し、同時にこうした技術や情報を育種や生産・栽培、食品加工、品質管理などの商品開発や技術開発にフィードバックするものです。農林水産業・食品産業・流通産業・小売業の情報の連携を意味しており、業界に関係なく「食」に関することを、あたかも「鎖（チェーン）」のようにつながったものとしてとらえようとする考え方です。

スマート農業の展開方向

❶小型スマートロボット

❷ロボット作業の拡大

❸スマート営農システム×スマートフードチェーン

❹スマート露地野菜生産・スマート果樹生産

❺スマートフィールド×スマートアグリシティ

スマートフードチェーンの構築で可能となる取り組みの一例

廃棄ロスのない計画生産・出荷

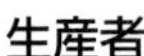

消費者・実需者（小売・加工・仲卸など）のニーズに合った生産計画などを提示

最適な輸送手段・ルートなどを提示

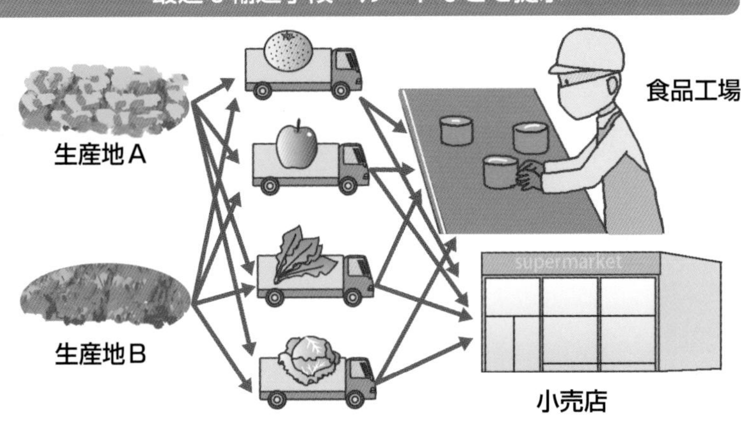

遠隔監視 ロボット農機

●ロードマップの自動化レベル③

ロードマップとして示した、2020年までを目途とした自動化レベル③の「遠隔監視・圃場間移動が可能なロボット農機」は、監視者が近くにいる「目視監視」ではなく「遠隔監視」が可能な、無人で自動走行できる「自律型ロボット農機」となります。このため、圃場間の移動も可能となり、広大な地域で様々な仕事を、近くに人の助けがなくてもできるようになります。

最終的なシステムの全体像は、GIS（地理情報システム）のデータを与えられ、GNSSによる高精度の測位データで現在地を正確に把握したロボット農機が、耕うん・代かき、施肥・播種、中耕・除草、防除、収穫といった仕事を行います。通信距離10㎞以上の離れたところにあるロボット管制室では、テレコントロール・データを送ることで作業状況を制御するとともに、ロボット農機からはその周辺の状況や作物の育成状態の画像データが伝送され、それに合わせて管制室から制御を行う、という仕組みになります。

こうした無線通信によって制御される遠隔監視ロボット農機が完成すると、ロボットによる作業能率がレベル①やレベル②の時よりも格段に向上することとなります。例えば、作業圃場A、B、Cがそれぞれ分散している圃場の場合、離れたロボット管制室で状況を把握してそれぞれのロボット農機を派遣するなど、効率的な運用が可能となりますし、圃場間の移動も出発点の農機具庫から人の手を借りずに自走して、安全な移動が可能となります

４台で協調して耕うん作業を行う無人のロボットトラクタ。

分散した圃場での効率的利用

分散した複数の圃場での作業を一括管理できるので、効率的である。

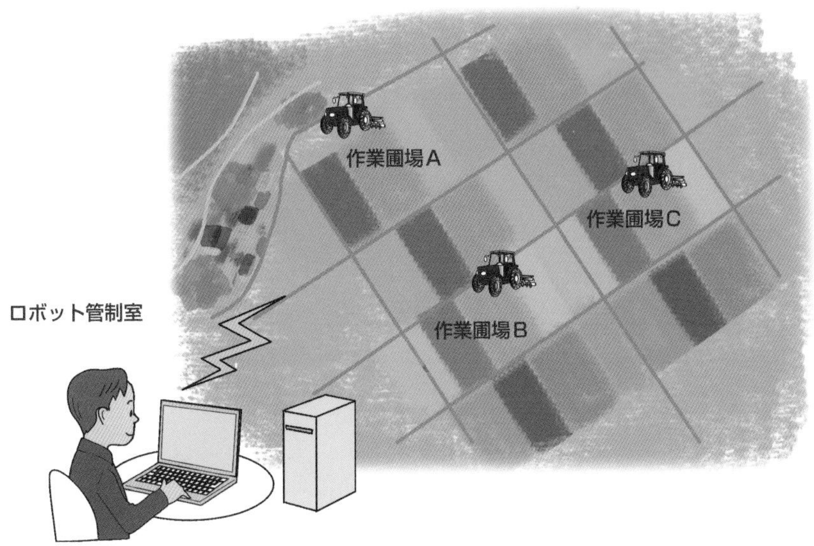

ロボット農機の圃場間移動

農器具庫まで自動運転で戻るロボット農機。

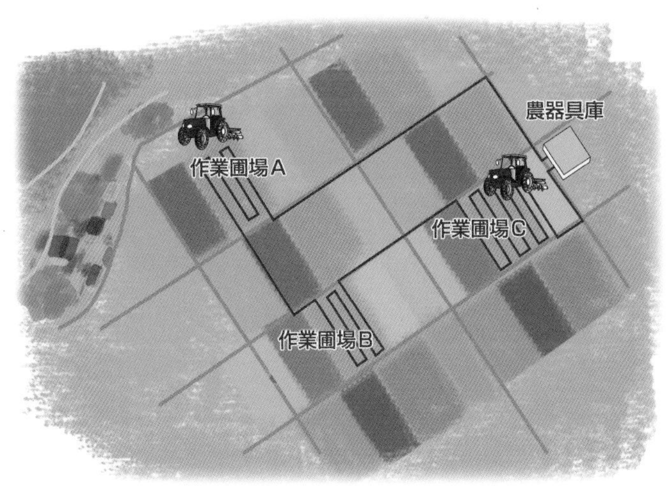

遠隔監視 ロボット農機

【ポイント】
・無線通信による遠隔監視
・ロボットによる作業能率が格段に向上

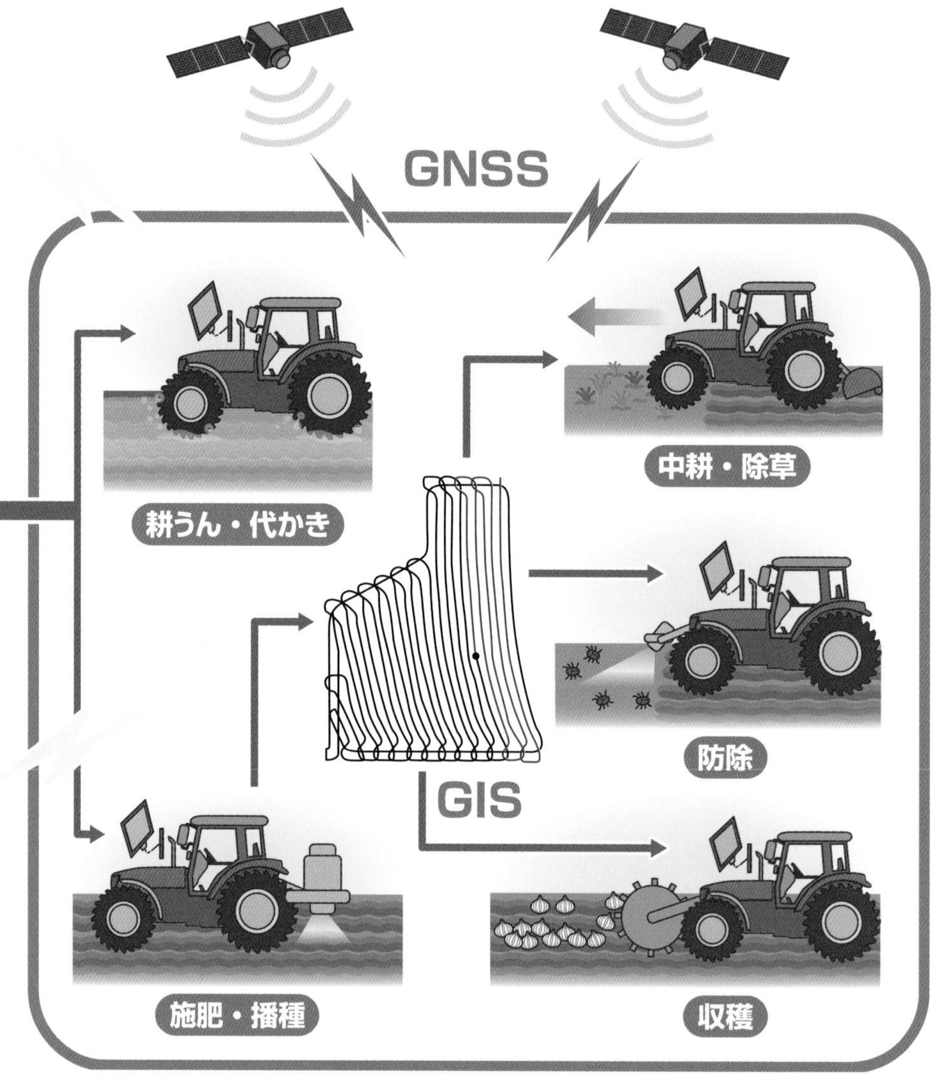

目視に頼らない遠隔監視なので、複数の農機による様々な作業を一括管理できるうえ、ロボット農機からの画像伝送により、農機周辺の状況や作物の生育状況を管制室から確認できる。

テレコントロール
データ伝送

ロボットの作業状況と制御

通信距離
10km 以上

※理論的には
距離の制限
はない。

画像伝送

安全の確保
ロボット周辺状況
作物生育状況

スマート農業とスマートアグリシティの実現に向けた産官学連携協定

●北大・岩見沢市・NTTによる締結

2019年6月、「最先端の農業ロボット技術と情報通信技術の活用による世界トップレベルのスマート農業およびサスティナブルなスマートアグリシティの実現に向けた産官学連携協定（以下、「産官学連携協定」と略す）」が、国立大学法人北海道大学、岩見沢市、そして民間企業である日本電信電話株式会社（NTT）、東日本電信電話株式会社（NTT東日本）、株式会社NTTドコモ（NTTドコモ）によって締結されました。

これは、最先端の情報通信やロボットなどの技術を活用することで世界最先端のスマート農業を確立するとともに、スマート農業を軸とした地方創生やスマート・シティのモデルづくりに取り組んでいくことを目的として合意された、産官学連携の協定です。協定期間は2019年6月28日から2024年6月30日の5年間という長期的なものです。

「産官学連携協定」では、次の3つのテーマに取り組むこととなっています。

①高精度測位・位置情報配信基盤
②次世代地域ネットワーク
③高度情報処理技術およびAI基盤

①はロボット農機などの完全自動走行に求められる最適な測位・位置情報の配信方式を検討・検証すること、②は完全な自動走行で求められる最適なネットワークを検討・検証することとされています。③は効率的なデータ伝送・圧縮技術やAIによる分析基盤を検討・検証します。これら3つのテーマは、今まで説明してきたスマート農業の中心的な技術であることがわかると思います。

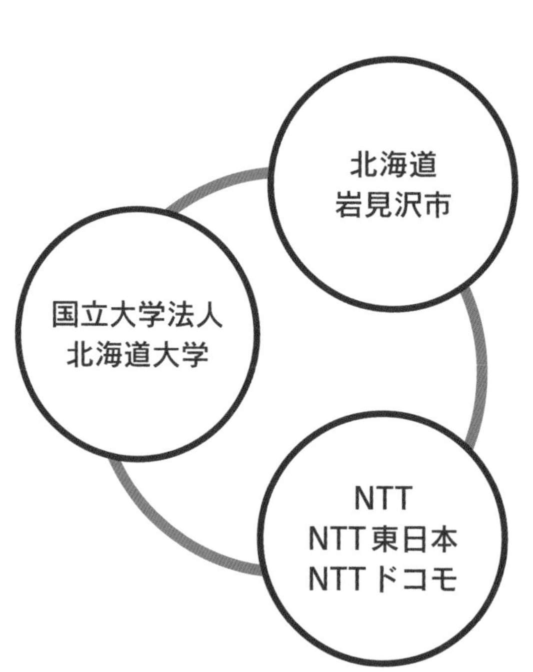

取り組むテーマ

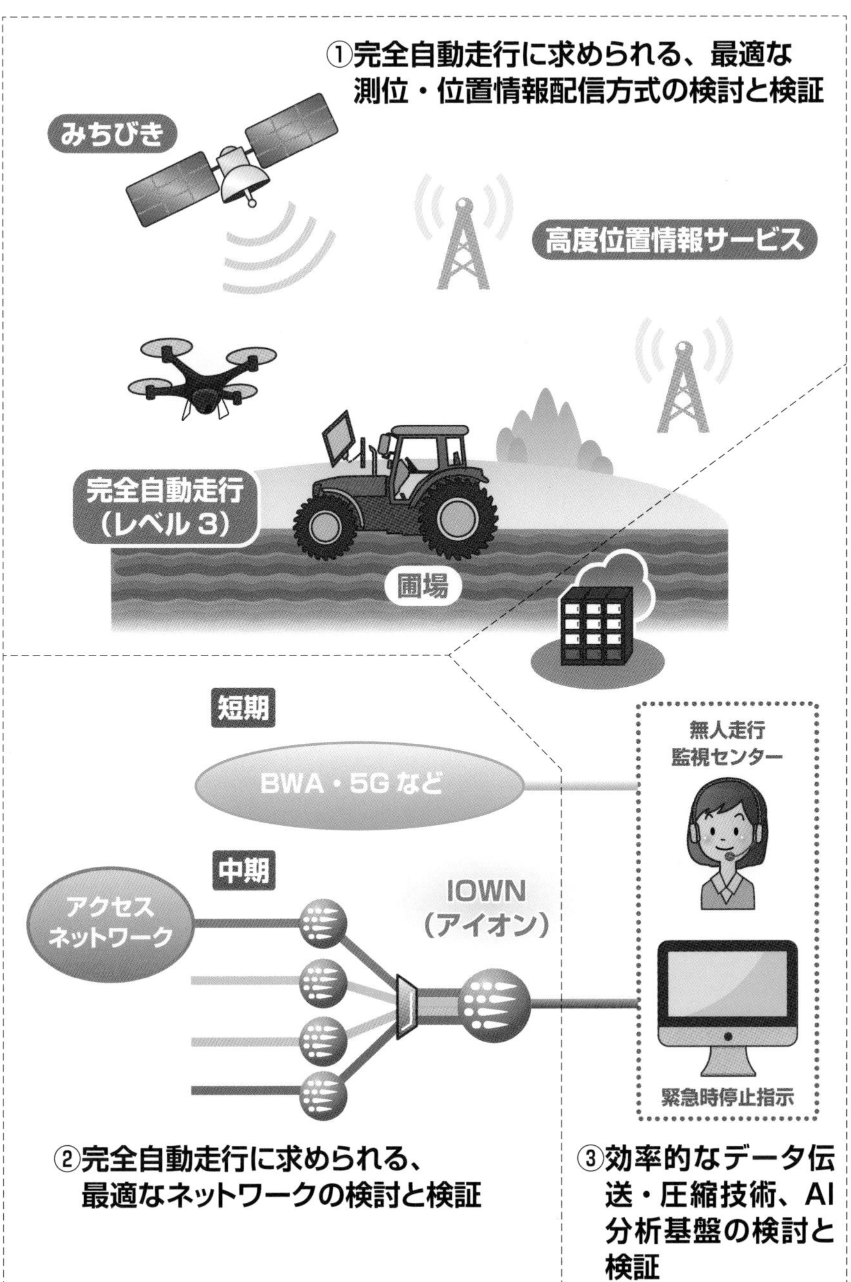
①完全自動走行に求められる、最適な測位・位置情報配信方式の検討と検証
みちびき
高度位置情報サービス
完全自動走行（レベル3）
圃場
短期
BWA・5Gなど
無人走行監視センター
中期
アクセスネットワーク
IOWN（アイオン）
緊急時停止指示
②完全自動走行に求められる、最適なネットワークの検討と検証
③効率的なデータ伝送・圧縮技術、AI分析基盤の検討と検証

①高精度測位・位置情報配信基盤

①の「高精度測位・位置情報配信基盤」は、前にも述べたNTTドコモなどが着手している低コストかつ高精度な測位サービスに当たると言えるもので、高い精度と経済性の面でも低コストで、ロボット農機に最も適した位置情報を配信するシステムのことです。これによって新たな基地局を設置せずに基地局のコストを低く抑えるとともに、センチメートル単位での農機の自動運転が可能となり、農機操縦のスキルがなくても農機による作業を行うことができるようになります。

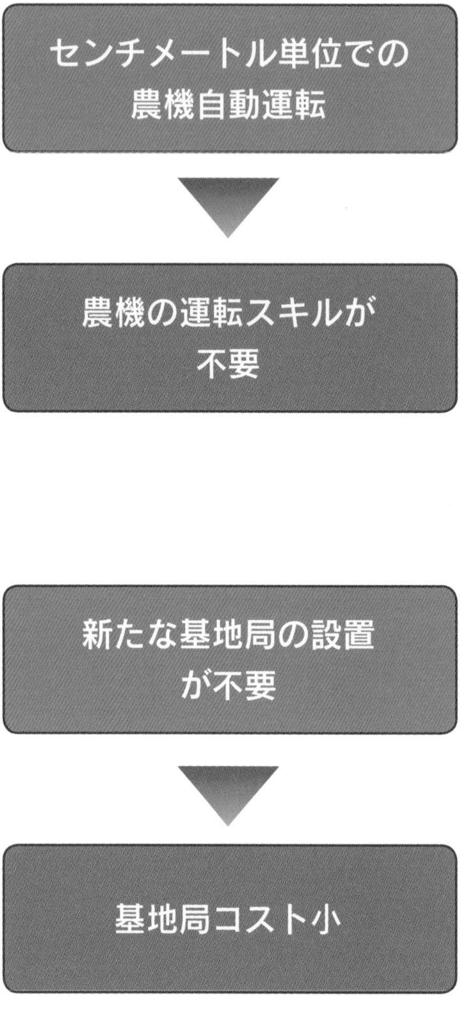

センチメートル単位での農機自動運転

▼

農機の運転スキルが不要

新たな基地局の設置が不要

▼

基地局コスト小

テーマ①高精度測位・位置情報配信基盤

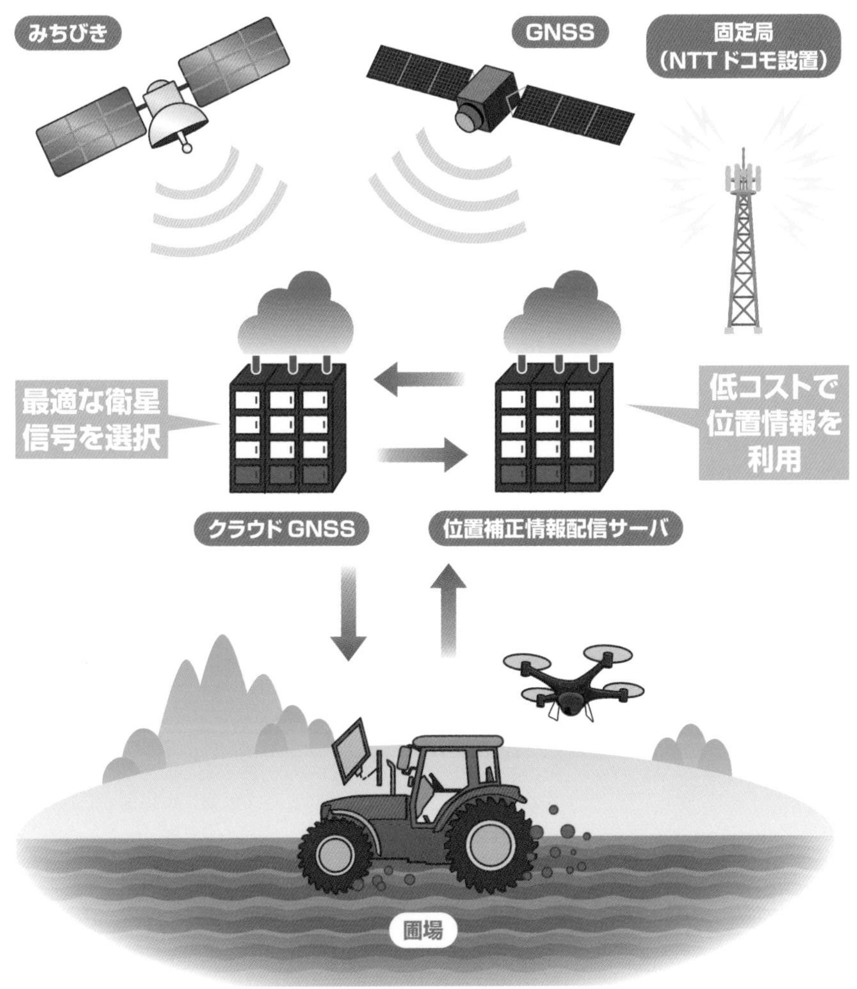

ロボット農機などの完全自動走行に求められる最適な測位・位置情報の配信方式を検討・検証するシステム。新たな基地局を設置する必要がなく、農機操縦のスキルがなくても農機による作業ができるようになる。

②次世代地域ネットワーク

②の「次世代地域ネットワーク」は、現場のロボット農機と無人走行監視センターの間をつなぐ新しいネットワークを検討・検証するものです。短期目標としては、近年話題になっているローカル5Gや、地域ＢＷＡ（地域広帯域移動無線アクセス）を用いることで、高品質なネットワークをトラブルに強くするために冗長化し、遅延を抑えて高解像度な映像を高信頼性の下で伝送することを実現します。ちなみに、地域ＢＷＡとは、２・５GHz帯の周波数を使用して、地域の公共サービスに活用する高速データ通信システムのことです。

中期的には、ＮＴＴが開発中のＩＯＷＮ（28ページ参照）を用いて、高解像度の画像伝送を超低遅延・高セキュリティ性を実現することを目指します。

可能になること

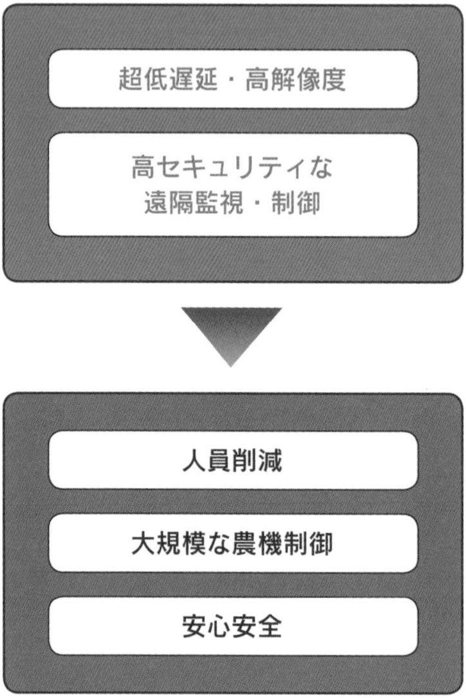

超低遅延・高解像度

高セキュリティな
遠隔監視・制御

▼

人員削減

大規模な農機制御

安心安全

テーマ②次世代地域ネットワーク

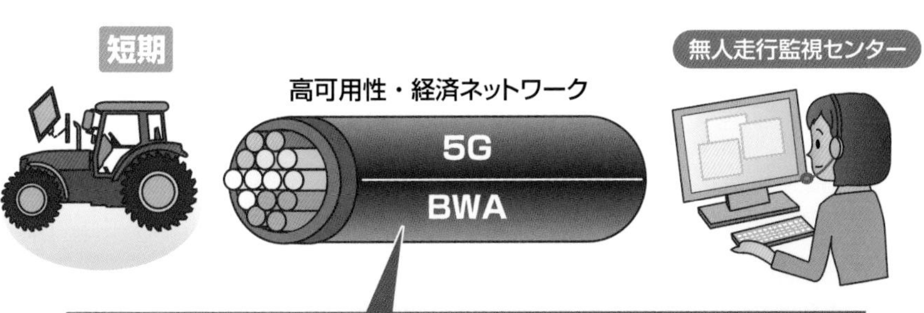

高品質な NW（ネットワーク）を冗長化（障害発生後でもシステム全体の機能を維持し続けられるように、平常時から予備装置をバックアップとして配置、運用しておくこと）し、低遅延、高解像度な映像を確実に伝送できる NW を実現

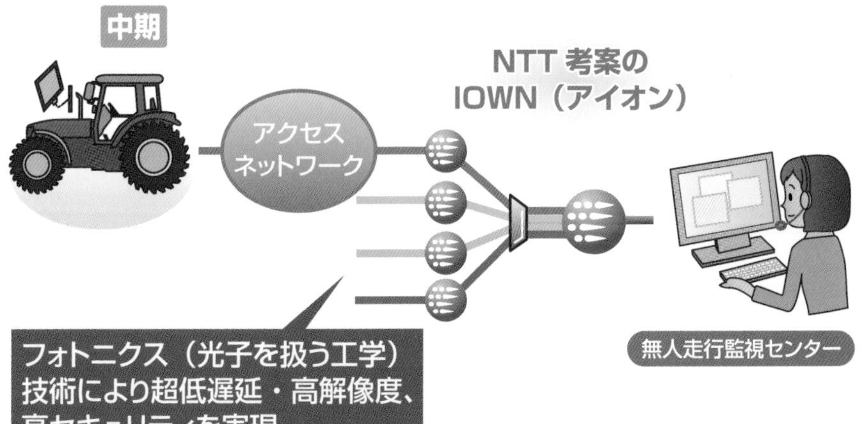

フォトニクス（光子を扱う工学）技術により超低遅延・高解像度、高セキュリティを実現

完全な自動走行で求められる最適なネットワークを検討・検証するもので、高品質なネットワークをトラブルに強くするために冗長化し、遅延を抑えて高解像度な映像を高信頼性の下で伝送する。

③高度情報処理技術およびＡＩ基盤

こうした情報のネットワーク環境を整えるだけではスマート農業を行うことはできません。農家が行動を選択するための価値ある情報を提供する分析・処理基盤が確立されることも重要となります。

③の「高度情報処理技術およびＡＩ基盤」は、ＡＩを用いて、こうした情報を農家に提供できる情報の処理技術や基盤を確立することを目的としています。

一例として、ＮＴＴグループは現在、ＡＩ技術を活用して様々なプレイヤーとのコラボレーションする試みを行っています。

ロボット農機などからは現場の映像や画像データがエッジクラウドに伝送されてきます。エッジクラウドではＡＩによって農作業の最適化を図る分析が行われて、農家の行動選択に資する情報がリアルタイムで提供される、という仕組みとなっています。

エッジクラウドは、端末の近くにサーバーを分散配置することで遅延を解消するエッジコンピューティング方式であるため、通常のクラウドよりも接続などによる遅延に煩わされることがなく、リアルタイム性に優れています。

このシステムによって、農家は収穫の予想や、農薬および肥料の散布における最適な量やタイミングなどを知ることができるようになります。つまり、熟練農業者の能力、いわば「匠の判断」の自動化によって、その技がデータとして継承されることとなり、ひいては収量と品質の向上を期待することができます。

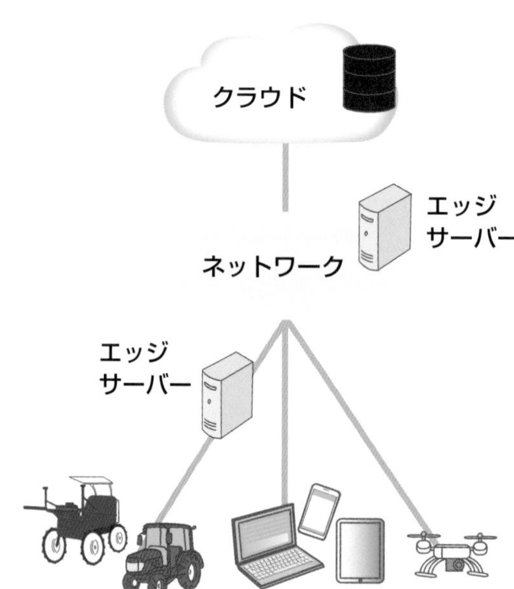

エッジクラウドの概念図。

③高度情報処理技術および AI 基盤

匠の判断の自動化

匠の技の継承（収量・品質向上）

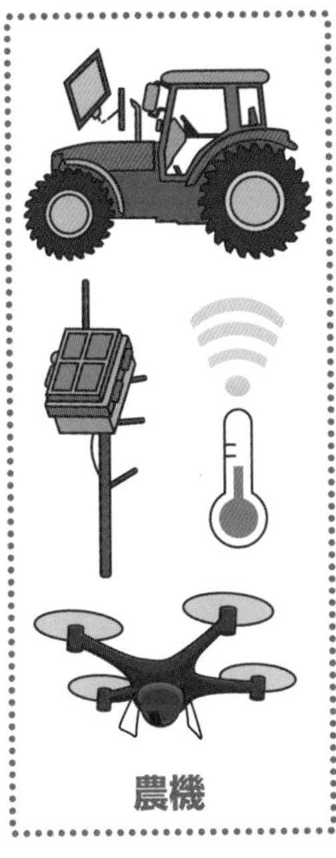

映像・画像などデータ

農家の行動選択に資する
リアルタイムな情報提供

提供価値

収穫予測

農薬・肥料散布タイミングなど

効率的なデータ伝送・圧縮技術やＡＩによる分析基盤を検討・検証する。このシステムにより、熟練農業者の「匠の判断」が自動化によってデータとして継承されることとなり、ひいては収量と品質の向上を期待することができる。

●ロボットトラクタ遠隔監視システム

「産官学連携協定」におけるロボットトラクタの遠隔監視は、実際にどのようなものとなるのでしょうか？　ロボットトラクタ遠隔監視システムでは、離れた管制室でロボットトラクタを監視・管制する人に「ロボット周辺モニター」と「G－Sベースモニター」の2つのディスプレイが用意されます。

ロボット周辺モニターには、その名称の通りロボットトラクタの周辺の画像・映像が映し出されており、作業中における安全の確認と、作物や雑草、土壌の状態といった圃場環境の観察をします。

G－Sベースモニターには地理的情報や、作業経路および時間、車両の位置や速度などの走行情報といった、様々なデータが詳細に表示され、作業の開始および停止などの操作もこのモニターで確認し、行います。

●圃場の精細な5G画像

ロボット周辺モニターに映される画像は5Gの画像なので、非常に精細な画像で周辺を確認することができます。

2019年に実施した実証実験では、圃場―管制室までの距離10㎞で、画質は1920×1080ピクセルのフルHDの画質で、地上分解能はロボット周辺でおよそ2㎜で、遅延は300㎳（㎳：ミリ秒。1㎳は1000分の1秒のこと）を実現しました。

遅延極小化のイメージ

接触事故の危険がある場合、もし通信に遅延があれば接触の危険度が高まる（4G）が、遅延がなければ接触の危険を察知した時点ですぐにトラクタを止めることがきる（IOWN）。

ロボットトラクタ遠隔監視システム

GISベースモニター

・車両の位置・速度など走行情報

・作業開始・停止位置

・作業経路・時間などを記録

ロボット周辺モニター

・安全確認

・圃場環境の観察（作物・雑草・土壌状態）

圃場の精細な5G画像　NTTドコモ

5G伝送画像

画質：フルHD
（1920×1080ピクセル）

遅延：300ms

地上分解能：2mm程度
（ロボット周辺）

**圃場ー管制室までの距離
10㎞（理論的には
距離の制限はない）**

栄養状態・病害虫の超早期検出

●AIによる診断・処方をロボット農機に送信

農業分野で将来設置が期待されているAI分析基盤が、具体的にどのような働きをするのかというと、例えば作物の栄養状態や病害虫の早期検出では、ロボット農機からの情報により、エッジクラウド（106ページ参照）を介してAIが診断結果を出し、それによって自動で処方箋を作り出します。この処方箋はリアルタイムでロボット農機に送られ、それに基づいて、病害虫対策の場合はスポット防除を、作物の栄養状態対策の場合は施肥量を変えるなどの作業をロボット農機が行うこととなります。

このように、AI分析基盤を備えたシステムは、多様なデータを大量に集めることができる、精細な画像データを伝送することができる、エッジクラウドを形成するエッジコンピューティング方式によって、リアルタイムでの処理が可能となるなどのメリットがあります。

このAI基盤とロボット農機の間は5Gなどのネットワーク技術が取り持っており、高画質な映像情報や、それを含めた情報の高速性が達成されています。

作物の栄養状態や病害虫について、AIと情報のやりとりを行うロボット農機。

栄養状態・病害虫を超早期に検出する仕組み

ロボット農機からの情報によってAIが診断し、処方箋を出す。AIから処方箋を受けたロボット農機は、病害虫対策の場合はスポット防除を行い、栄養状態対策の場合は施肥を調整する。ここでは、データセンタを介さないエッジコンピューティングにより、通信の遅延を抑え、「超早期検出」「リアルタイムでの処理」が可能となる。

スマートロボットによる耕うんから収穫まで完全自動化

「ロボット農機」「ドローン」「人工衛星」からの情報をエッジクラウド上で分析し、管制室に伝え、管制室からロボット農機を遠隔操作。

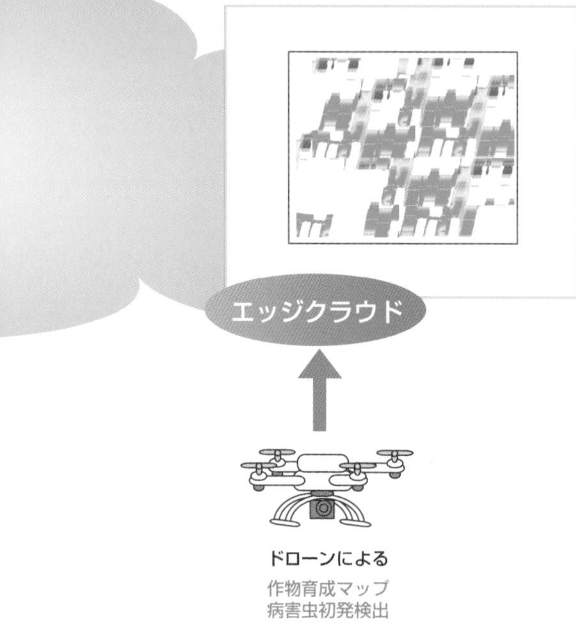

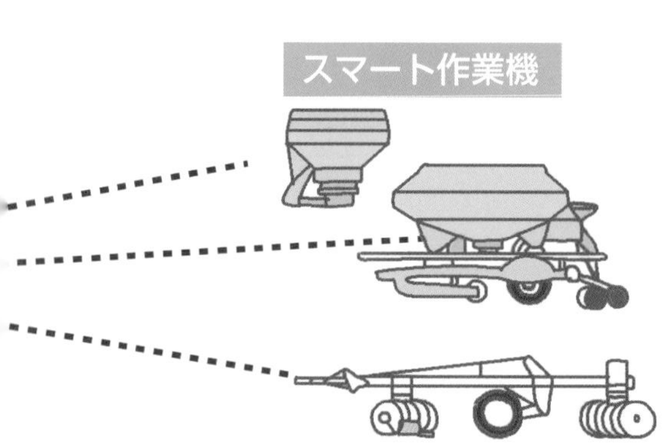

「産官学連携協定」で検討・検証されているシステムによる、スマートロボット農機の耕うんから収穫までの完全自動化をまとめると、以下のようになります。

ＡＩ分析基盤による分析情報や、ドローンのリモートセンシング機能によって集められた情報（作物生育マップや病害虫の初発検出など）はエッジクラウドで処理され、ロボット管制室に光ファイバーで伝送されます。それと同時に、ＧＮＳＳにより正確な走行を行っているロボット農機とも、５Ｇ／ＩＯＷＮによって様々な情報が送受信できるようになります。ロボット農機は、作業に合わせて様々な作業機を取り換えることで多くの作業を行うことができます。

スマートロボットによる
耕うんから収穫まで完全自動化

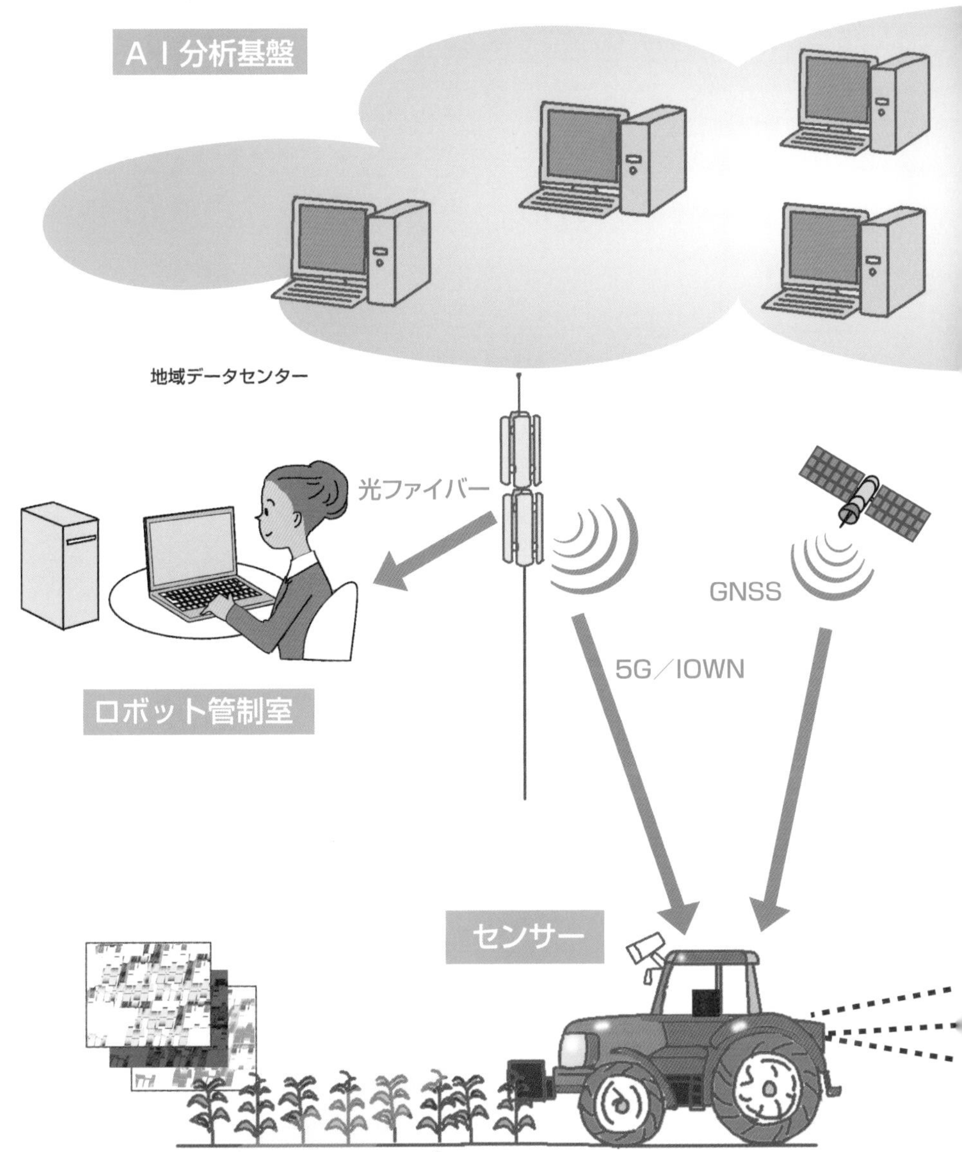

第5章 今後のスマート農業の展開

小型スマートロボット

今まで述べてきたロボット農機は、通常のトラクタやコンバインと同じような大きさのものでした。これに対し、将来はもっと小型化したスマートロボットによって耕うん・整地や施肥、防除、収穫を行うことが考えられています。

小型のスマートロボット農機は小回りが利き、さらには場所も取らないので、小さな区画や中山間地域の農業にふさわしい、まさに日本オリジナルなロボット農業体系の1つと言えます。

こうしたメリットの他に、小型であるため低価格で24時間使用可能であり、投入する数を調節することで小区画から大区画まで柔軟に対応することも可能となります。いわば「数の力」で大規模な農場でも使用できるわけです。しかも管制する人間は大幅に少数で済むので、営農的に省力化・低コスト化が達成できます。

小型かつ複数で使用するということから、使い方としては複数の農家で共有するか、あるいは業者からリース・レンタル、または作業の委託という形態をとると思われます。

●草刈りロボット

もっと簡単な草刈り機として、自律移動式ロボットによる半自走草刈り機（国立研究開発法人産業技術総合研究所・株式会社筑水キャニコムなど）が考えられています。これは作

小型スマートロボット

日本オリジナルなロボット農業体系

（小区画・中山間農業向け）

- 低価格
- 小型で小回りが利く
- 24時間使用できる
- 複数で協調作業できる（小区画から大区画まで対応）

使い方

共有、
リース・レンタル、
作業委託

業者の負担を減らそうと開発が進められているものです。

●ドローンによる防除

株式会社ナイルワークスは現在、病害虫の防除と生育情報の収集ができる農業ドローンの販売を行っています。

草刈りロボット

自律移動式ロボットを用いた半自走草刈り機（産総研・筑水キャニコムなど）。現在、作業者の負担を減らそうと開発を進めているのが、上記のような半自走式草刈りロボットである。
（出典：株式会社筑水キャニコム）

ドローンによる防除

防除と生育情報の収集ができる農業ドローン。（出典：株式会社ナイルワークス）

ロボット作業の拡大

●耕うん・代かき以外の作業機の開発が必要

現在のロボット農機は稲作向けで、作業は耕うん・代かきなどに限定されており、畑作、野菜作、果樹栽培に使用できるロボットは極めて少ないのが現状です。このため、本格的に施肥や播種、防除、除草、収穫などの作業を行えるように、ロボット農機に取り付けて用いられる作業機の開発が必要となります。

ロボットトラクタ用作業機として、まず耕うん機は、耕深の調整や、過負荷による機械破損から構造自体を保護するシャーピンの装備、土塊や植物の絡みつきへの対応ができている必要がありますが、ロボットトラクタ用としては作業中の負荷を検出して耕うん機の速度を調節する必要があります。

施肥機および播種機は、肥料および種子の残量確認やそれらの目詰まりを防止する機能があり、トラクタの速度が変わっても均一に種子や肥料を散布できるようになっていなければなりませんが、とくにロボットトラクタでは播種する際の深さを測る播種深度モニターとそれによる微調整機能や、可変施肥機能が必要となります。

農薬などを散布する防除機では、薬液残量の確認、枕地旋回時の散布停止・ブームの折り畳み機能、さらに可変散布や各セクションにおけるコントロールも必要となります。

いずれにせよ、ロボットトラクタ用作業機としては作業機側に装備するセンサ技術、ロボットトラクタ作業機間の通信技術の確立がポイントとなりますが、今のところロボットトラクタ用作業機の本格的な開発は着手されていないのが現状といえます。

●国際規格を見据えた標準化対応

こうしたトラクタなどに装着する作業機や電子装置などの開発は、日本市場だけでなく、海外市場も視野に入れる必要があります。このため、海外での使用も考慮して国際規格を見据えた標準化への対応も重要となります。

国際規格化において、欧米では国際規格の検討・策定・改訂を行う「ISO（国際標準化機構）」が、農業や林業で使用されるトラクタ向けの車上通信に関する国際規格「ISO 11783」と、同じく無線通信に関する国際規格「ISO 16867」を定めています。ISO 11783は「ISOBUS」とも呼ばれるグローバルスタンダードとなっています。

〈120ページに続く〉

ロボット作業の拡大

商品化したのは、41ページでも述べた通り、自動化レベル②のロボットトラクタやロボット田植え機。他には草刈りロボットなどがある。畑作や野菜作、果樹栽培に使用でき、管理・収穫作業の労働軽減・労働力不足解消に活躍するロボット農機の開発は、今後の課題である。

ロボットトラクタ用作業機の開発（施肥機、播種機、防除機など）

耕うん機械

- 耕深調整
- 過負荷によるシャーピン切れ
- 土塊や植物残さの絡みつき
- 作業負荷検出による速度調整

施肥機・播種機

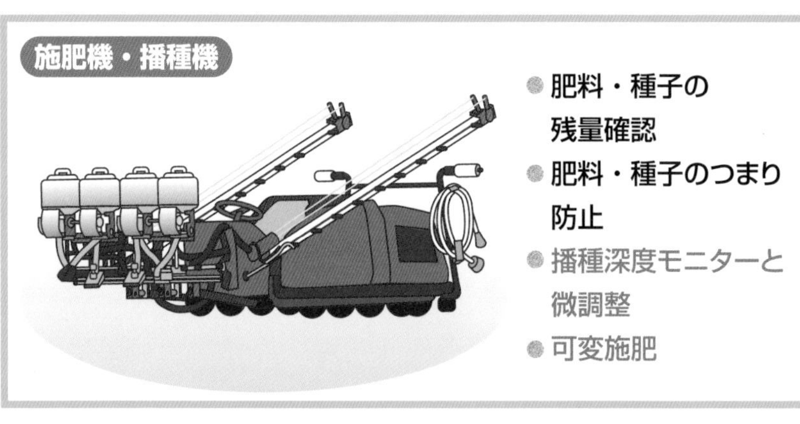

- 肥料・種子の残量確認
- 肥料・種子のつまり防止
- 播種深度モニターと微調整
- 可変施肥

防除機

- 薬液残量確認
- 枕地旋回時の散布停止
- ブーム折り畳みなど
- 可変散布
- セクションコントロール

国際規格を見据えた標準化対応　農研機構

海外市場も視野に入れるため、ロボット農機に取り付ける作業機や電子装置については、国際規格を見据えた標準化への対応が必要である。

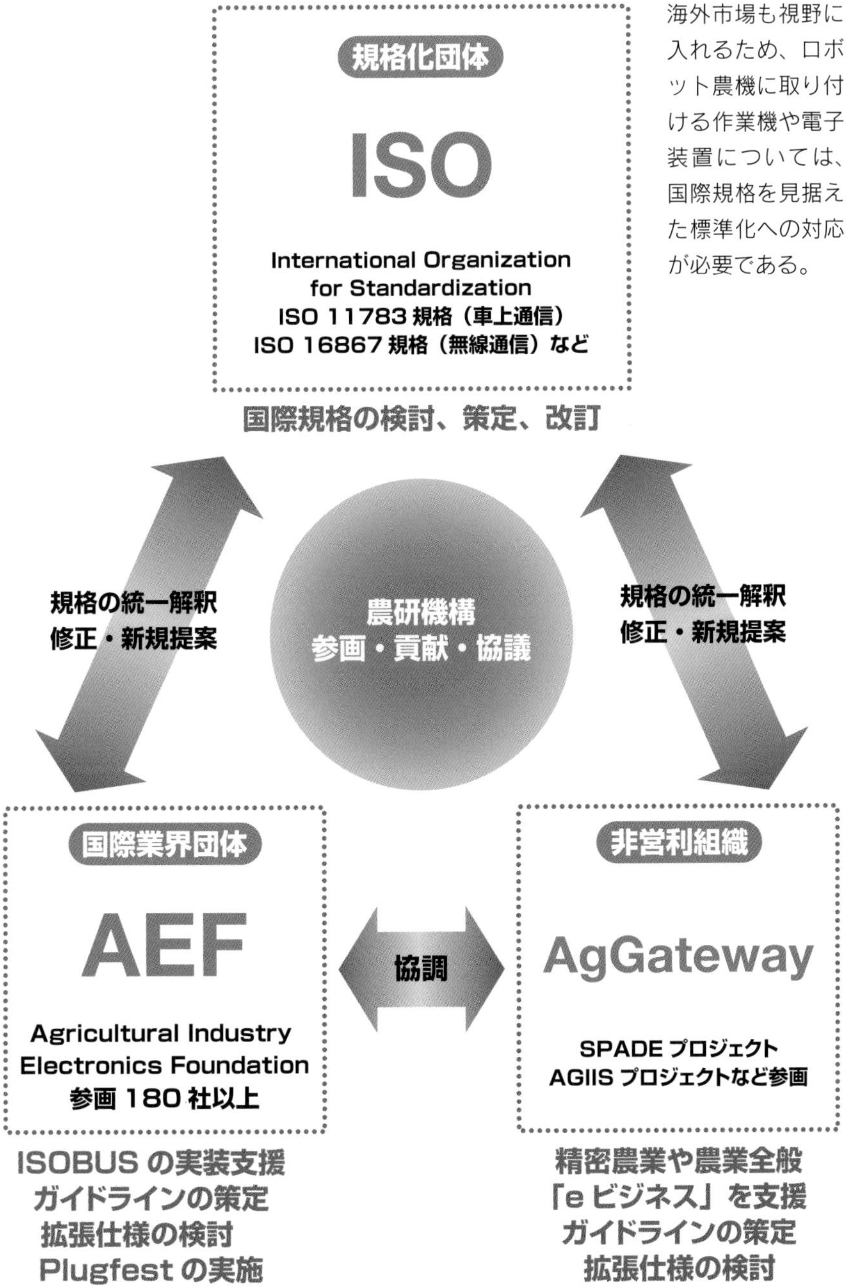

規格化団体

ISO

International Organization for Standardization
ISO 11783 規格（車上通信）
ISO 16867 規格（無線通信）など

国際規格の検討、策定、改訂

規格の統一解釈
修正・新規提案

農研機構
参画・貢献・協議

規格の統一解釈
修正・新規提案

国際業界団体

AEF

Agricultural Industry Electronics Foundation
参画 180 社以上

ISOBUS の実装支援
ガイドラインの策定
拡張仕様の検討
Plugfest の実施

協調

非営利組織

AgGateway

SPADE プロジェクト
AGIIS プロジェクトなど参画

精密農業や農業全般
「e ビジネス」を支援
ガイドラインの策定
拡張仕様の検討

一方、国際的な業界団体である「ＡＥＦ（Agricultural Industry Electronics Foundation：国際農業電子財団）」は、ＩＳＯＢＵＳの定着を支援し、ガイドラインを策定するなど、ＩＳＯとも連携しています。また、農業ＩＣＴや精密農業を推し進めて国際的に農業を発展させることを目指している非営利団体の「ＡＧ　Ｇａｔｅｗａｙ」とも協調して活動しています。そしてＡＥＦおよびＡＧ　Ｇａｔｅｗａｙと、ＩＳＯは、お互いに規格の統一解釈や修正・新規提案を行う関係にあります。

国際規格に関するこうした体制に農研機構も参画し、様々な貢献や協議を行っており、２０１８年には農研機構と株式会社農業情報設計社が共同開発した農業機械用ＥＣＵ（電子制御ユニット）が、国産技術として初めてＩＳＯＢＵＳの正式な認証を得ました。このＥＣＵは粒剤を散布する機器に取り付けて、その散布を電子的に制御するもので、ＩＳＯＢＵＳの認証を得られたことで、海外の機器との相互通信が可能となりました。今後も、こうした国際規格をにらんだ対応が行われていくことになります。

●果樹園用ロボットビークル

一方、稲作向けのロボット農機が中心となっている現状で、ロボット作業を拡大するために、その他の農業分野におけるロボット農機を開発する動きもあります。

例えば果樹園用のＥＶロボットの開発が北海道大学、豊田通商、三菱総研、株式会社ＥＶジャパンなどの共同で開発が行われています。

これは自律走行機能と精密農作業機能を兼ね備えたもので、モーターやバッテリーなどの駆動系は、トヨタのプリウスのものを流用しています。

果樹園用ＥＶロボットには、高解像度が得られるマルチスペクトルカメラと、距離を測って物体を立体的にとらえることができる３Ｄセンサーが装備されており、これによって栄養状態や収量、品質などの生育情報を収集することができます。また、荷台に可変式の防除機とカメラを搭載することで農薬を散布できる他、草刈り機能や収穫物の運搬機能も兼ね備えています。

果樹園用ロボットビークル

「自律走行」「生育情報収集」「農薬散布」「草刈り」「収集物の運搬」などの機能を備えた、果樹園用ロボットビークル。駆動系（モーター・バッテリー）はトヨタ・プリウスのリユース。

スマート営農システムとスマートフードチェーン

●スマートフードチェーン

今まで述べてきたことは農業の生産現場や営農におけるスマート化でしたが、それに限らず、「食」という観点から食料の生産・加工・輸送・貯蔵・販売・消費という幅広い視野でスマート化を進めようとする「スマートフードチェーン」の考えがあります。

鮮度と品質管理を基軸とした生産技術とスマートフードチェーンを開発し、国内の農業・食品関連産業生産額はすでに100兆円ですから、農業にはまだまだ伸びしろがあります。内閣府のSIP第2期では、「スマートバイオ産業・農業基盤技術」として位置づけられ、生産のスマート化から流通や消費のスマート化へ、すなわちスマートフードチェーンへの拡大がうたわれるようになりました。

全体的概念を見ると、まず農業と食品関連産業に大きく分け、農業では以下の情報があります。

・生産：生産情報
・収穫・選果：収穫情報

これらの情報は、「農業データ連携基盤（WAGRI）」が統合します。一方、食品関連産業のデータには以下のものがあります。

・一次加工：加工情報
・輸送：流通情報・鮮度情報
・二次加工：加工情報
・貯蔵：保存情報・鮮度情報
・販売：販売情報
・消費：消費情報

これらの情報は、「流通基盤プラットフォーム」に統合されます

●スマートフードチェーン活用の一例

もう少し具体的にスマートフードチェーンの活用を見てみましょう。すべての情報を統括する「スマートフードチェーン・プラットフォーム」があります。一方、農業の現場での様々な情報の分析などはWAGRIが受け持っており、この情報はスマートフードチェーン・プラットフォームに伝達されます。

この他、国内外の市場の動きも送られますが、これによって「定時・定量・定品質の生産供給体制」や「ロジスティク

スの最適化による物流コストの削減」「生産の広域化によるブランド発信力の強化」といった効果を上げることができます。

スマートフードチェーン・プラットフォームを中心にした体制においては、次のことがポイントとなります。

・国内外の市況動向の把握（販路の確保）
・輸送中の鮮度や製品の傷などに対する品質管理の徹底
・産地の広域化による安定供給の確立
・HACCP（食品製造工程における危害的要因を分析して安全に管理する上での方法）認証の取得によるブランド力

これらのポイントは、第2期のSIP（戦略的イノベーション創造プログラム）では、次の課題に取り組んでいます。

・生産消費双方向情報共有システム
・品質保持技術とロジスティックス
・高精度な生育予測と出荷調整
・GAP（農業生産工程管理）など生産情報の連携

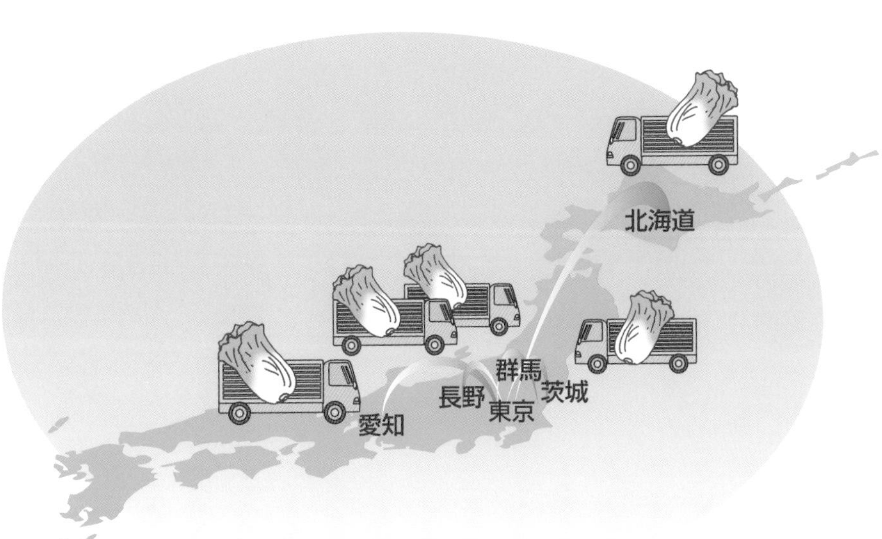

スマートフードチェーンでは、生産情報の分析で、例えばハクサイを大量に求めている東京の市場へ全国のハクサイ生産地から定時・定量・定品質で安定的に供給することができ、出荷計画が生成できる。

スマートフードチェーンの目標

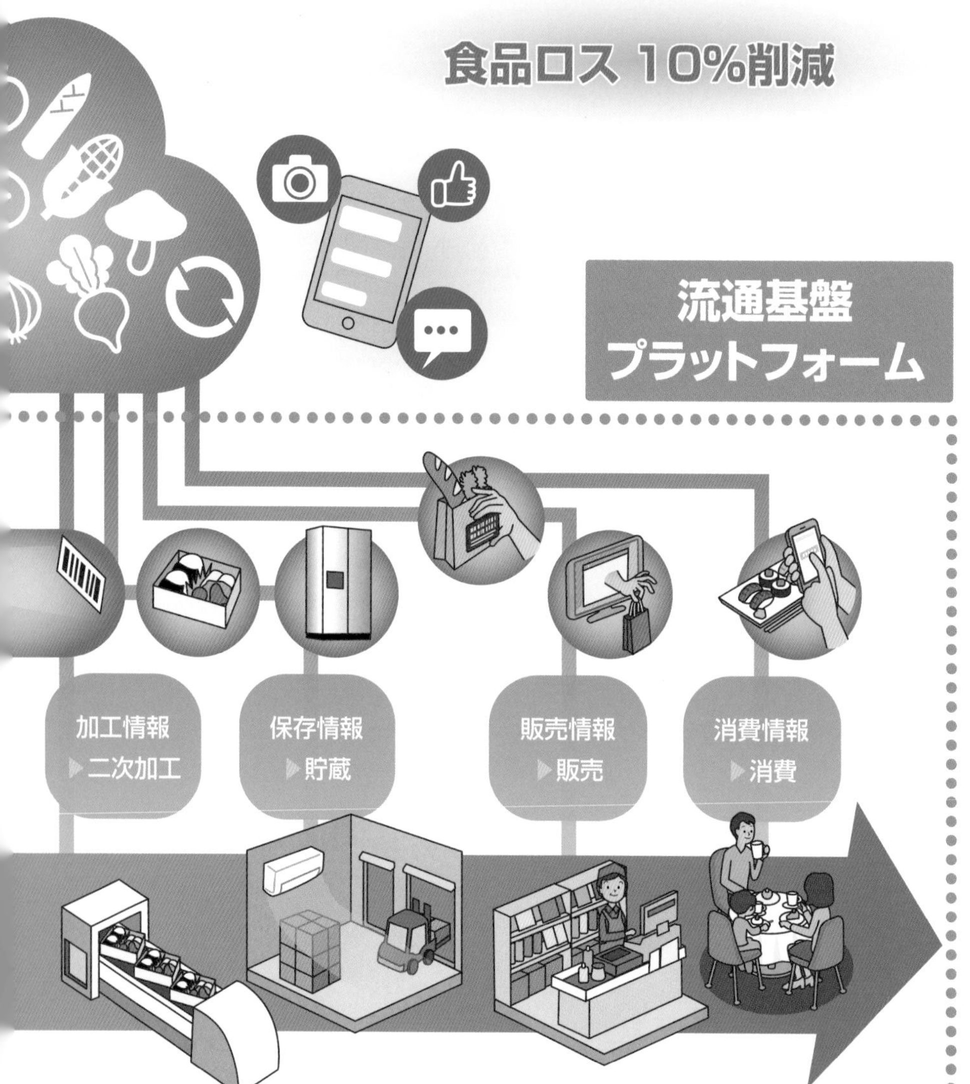

スマートフードチェーンの情報は、「生産」「収穫・選果」は農業データ連携基盤（WAGRI）が統合し、「一次加工」「輸送」「二次加工」「貯蔵」「販売」「消費」は流通基盤プラットフォームが統合する。

鮮度と品質管理を基軸とする生産技術とスマートフードチェーン開発

農業・食品産業の成長産業化

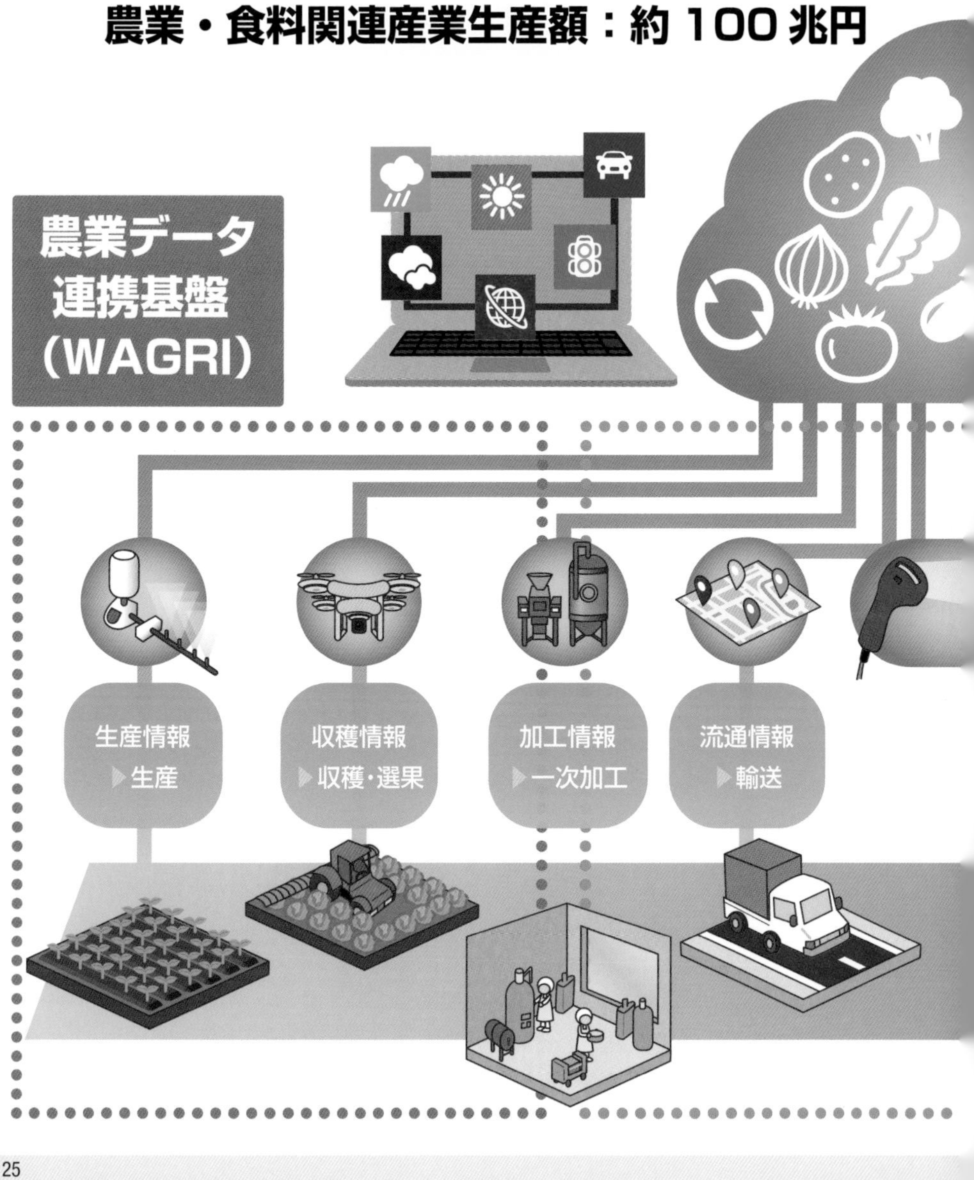

農業・食料関連産業生産額：約 100 兆円

スマートフードチェーン活用の一例

期待される効果

- 定時・定量・定品質の生産供給体制（リレー出荷の高度化）
- ロジスティクスの最適化による物流コストの削減
- 生産の広域化によりブランド発信力の強化

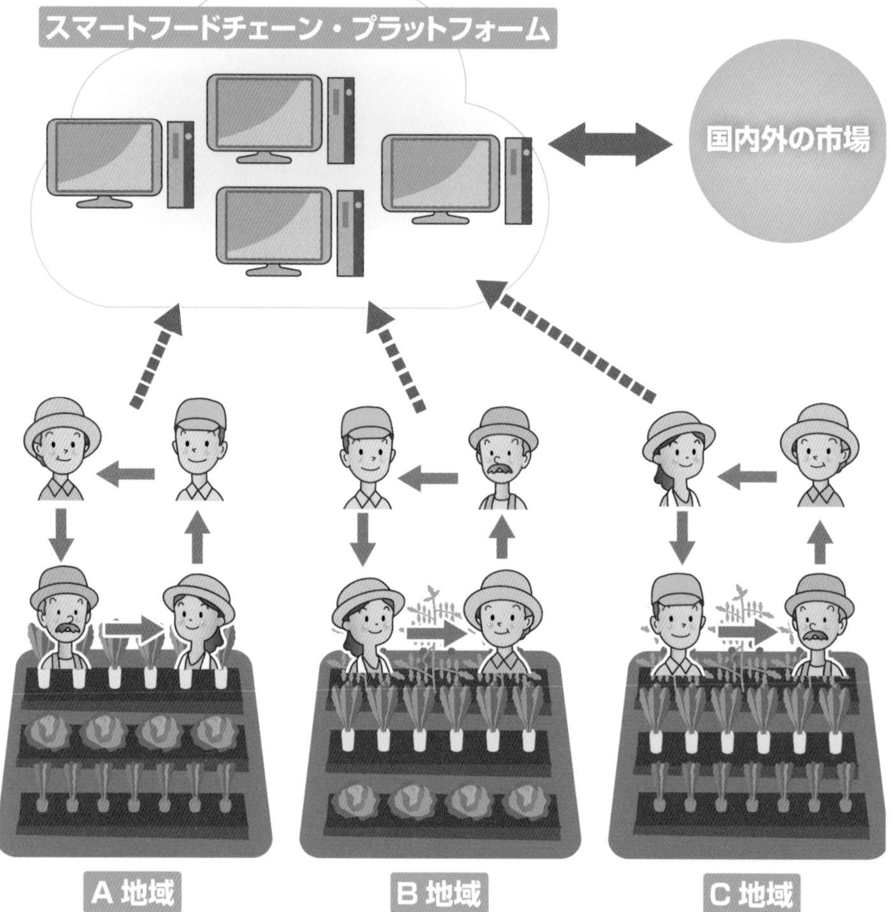

WAGRIによる産地連携の推進

すべての情報をスマートフードチェーン・プラットフォームに統合することで、国内外の市場に向けた安定的な生産供給体制の確立、物流コストの削減、ブランド発信力の強化などが望める。

- 国内外の市況動向の把握（販路の確保）
- 輸送中鮮度、傷など品質管理の徹底
- 産地の広域化により安定供給体制の確立
- HACCP 認証の取得によるブランド力

▼

第2期 SIP

- 生産消費双方向情報共有システム
- 品質保持技術とロジスティクス
- 高精度な生育予測・出荷調整
- GAP など生産情報の連携

※HACCP 食品の製造・出荷の工程で、どの段階で微生物や異物混入が起きやすいかという危害をあらかじめ予測・分析して、被害を未然に防ぐ方法。「危害分析重要管理点」。「Hazard（危害）」「Analysis（分析）」「Critical（重要）」「Control（管理）」「Point（点）」

※第2期 SIP 戦略的イノベーション創造プログラム「スマートバイオ産業・農業基盤技術」

※GAP 農業生産工程管理。Good Agricultural Practice。農業において、 食品安全、環境保全、労働安全などの持続可能性を確保するための生産工程管理の取り組み

スマート露地野菜作

●露地野菜作のスマート農業

日本農業のおよそ半分は水田農業ですが、もちろんそれ以外の農業も存在します。スマート農業における露地野菜作の将来像についても見てみましょう。

作物の生育モデリングや病害虫発生の予測、果実がどこに実っているかなどの位置推定といった情報を、ドローンのリモートセンシング機能で把握します。この時、ドローンによる撮影頻度は、露地野菜の生長速度から考えて週に1回ほどでいいでしょう。

ドローンの情報はＡＩ（人工知能）に送られるとともに気象を把握する気象ステーションや農業従事者、そしてロボット農機にも送られ、スマート農業関連の「行動体」の間で共有されます。ドローンとＡＩの間は、近年言われている「ＩｏＴ（Internet of Things　モノのインターネット）」でつながれています。ＩｏＴによってモノが通信機能を持ち、インターネットとつながることで、モノに関わるデータをインターネットで収集できるようになります。スマート農業は基本的にこうしたＩｏＴの概念に基づいたものと言えます。

一方、ＡＩはドローンなどから収集されたビッグデータに基づき、生育状態を可視化（ＧＩＳマッピングなど）し、分析することで最適な作業計画を導き出します。この段階で「管理作業の最適化」「収穫適期の予測」「予想収量マップ」が導かれ、その情報がロボット農機に伝送されます。

「収穫・搬出・運搬作業の自動化」「選択収穫」「夜間収穫」などを行うロボット農機は、役割をもった複数のロボットによる一種の「部隊編成」で仕事をするマルチロボットであり、伝送された情報に基づいて、求められる仕事を自動で行うこととなります。

これを見てもわかるように、露地野菜作であっても、今まで述べてきたスマート農業の全体的な流れと大きな違いはありません。

野菜畑で作業するロボット農機のイメージ。

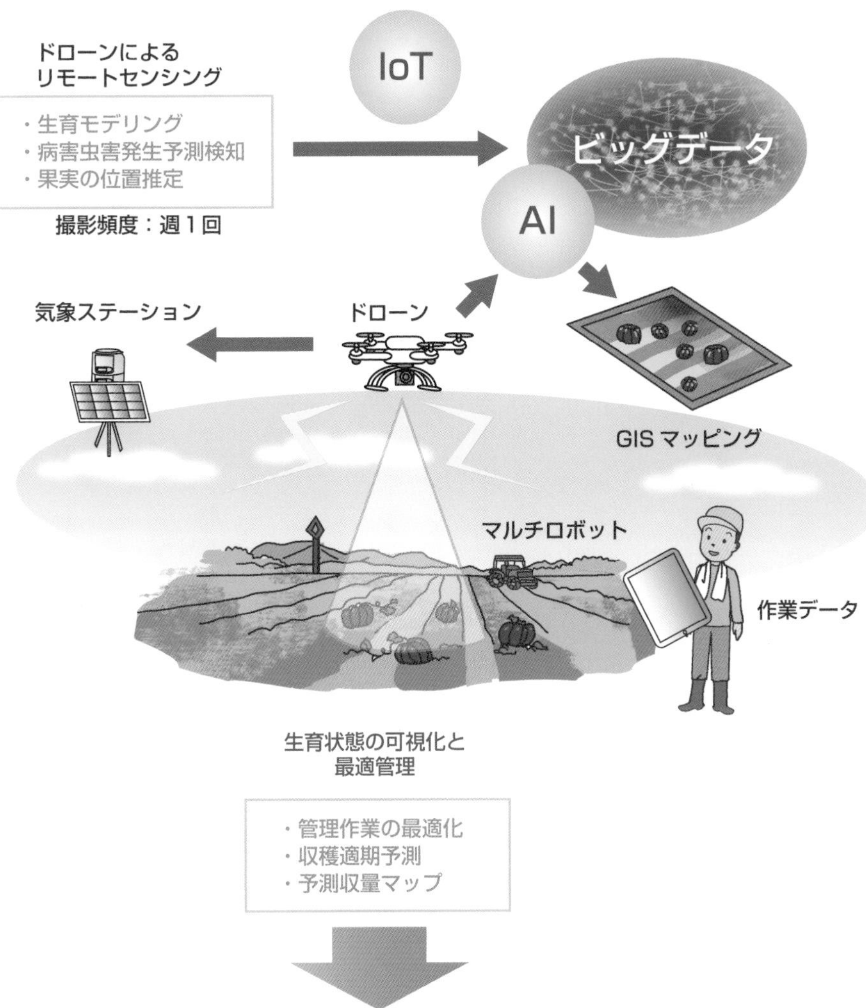

将来的には露地野菜作も、84ページ「スマート水田農業の全体像」で見たような全体の作業の流れと大きな違いはない。

●重量物野菜収穫ロボット

稲作とは異なり、露地野菜は個々の収穫物が個別的で、中には重量物である場合があります（ダイコン、ジャガイモ、ハクサイ、レタス、タマネギ、カボチャ、スイカなど）。こうした重量物野菜は、労働負荷が非常に大きくなるのが特徴です。

このため、露地野菜向けの収穫ロボット農機は、野菜をつかむためのロボットアーム付きの収穫ロボットトラクタ1台に、収穫物を収容する2台のコンテナ・ロボットというマルチロボット編成で作業をすることが考えられています。露地野菜の収穫ロボットは、作物を傷つけずに選択的に収穫できることが重要となります。一斉に収穫する機械も考えられますが、生育にムラがあり、商品価値のない未熟な収穫物もあるため、食品ロスを生み出します。

●カボチャ収穫

重量物野菜の収穫の対象となる作物にはカボチャやスイカなどがありますが、ここではカボチャの収穫における収穫ロボットトラクタを見てみましょう。このロボットトラクタには、カボチャをつかむためのロボットアームが取り付けられています。物体をつかむということだけならば簡単ですが、

重量物野菜収穫ロボット

ハンド付きロボットトラクタ

- 重量物野菜の収穫は労働負荷が非常に大きい
- 収穫ロボットは作物に傷をつけずに選択収穫
- 対象作物はカボチャ、スイカなど

カボチャに傷をつけては商品になりませんし、鮮度の低下も起こります。

このため、現在開発が行われているロボットアームの先端は、丸いカボチャに合わせて先端が複数の「指」からなり、やさしくカボチャを包み込んでつかむ工夫がなされています。一番傷つける可能性が高い各「指」の先端には、軟らかいゴムのパッドが取り付けられています。

2台のコンテナロボット（左）と収穫ロボット（右）。同じロボット農機に異なる作業機を取り付けている。

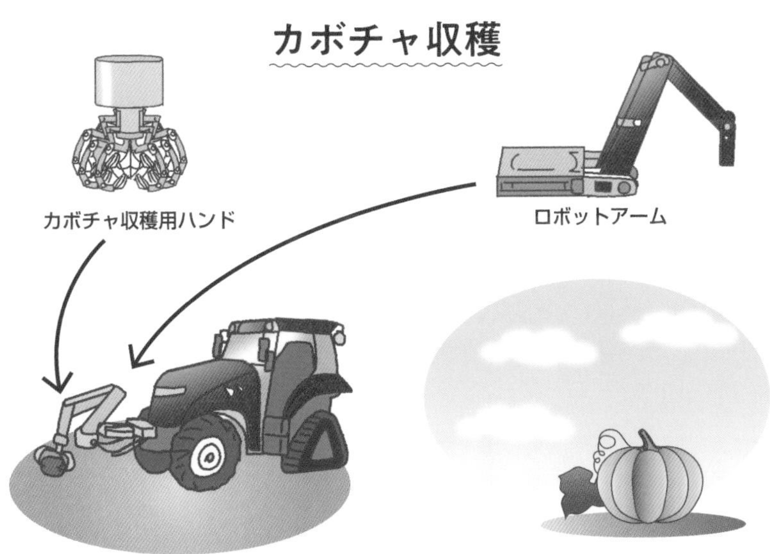

取り付け・取り外し可能なロボットアームとカボチャ収穫用ハンドで、カボチャに傷をつけることなくつかんで移動させる。

スマートフィールドとスマートアグリシティ

●スマートフィールド

今まではスマート農業を行う生産現場を中心に、その周辺のICTやロボット農機、データや情報のやり取りなどを解説してきました。そして「食」を根幹としたスマートフードチェーンの概念もご紹介しました。

ですが、今まで述べてきたロボットやICTを活用するスマート農業の効果を最大化するには、スマート農業に適した農地環境やネットワーク環境といった基本的なインフラ整備、つまり「スマートフィールド」が必要となります。スマート農業の水田圃場を例に、こうしたインフラ整備を見てみましょう。

スマート農業に有効な圃場としては、以下のスマートフィールドが望まれます。

〈ロボット化に必要〉

・大区画化・連坦が進んでいる
・公道に出ないで圃場間移動ができる
・ターン農道である
・用・排水路が管路化されている
・農道が3次元地図化されている

〈情報化に必要〉

・地下水位制御システムである
・圃場水管理システムが整備されている

〈共通〉

・圃場に電源設備がある
・ブロードバンド環境が整備されている
・GNSS補強信号が常時使用できる

情報ネットワークのインフラ環境が整備された農場は、その環境を活用したスマート農業を展開できるとともに、ICTを活用して農村生活を向上させることで、農村への定住条件を強化する面でも有効となります。

ドローンや自動走行農機、自動水管理システムによるスマート農業の確立に必要なのはもちろんですが、無線などによる情報ネットワーク環境を整備することで、そこに住んでいる農業従事者の家庭ともリンクさせることができます。それによって何がもたらされるのかと言うと、そのネットワークを利用することで児童の遠隔授業などの教育や、遠隔医療・福祉、そしてテレワークといったことも期待できるようになります（左図は、未来投資会議構造改革徹底推進会合「地域経済・インフラ」会合（平成31年2月5日）配布資料を参考に作成）。

情報ネットワーク環境の整備（イメージ）

無線などによる情報ネット
ワーク環境を整備

（無人草刈り機）

（ハウス園芸）

（自動走行農機）

（自動水管理システム）

＋

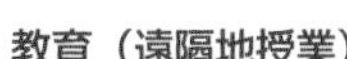

遠隔医療・福祉

テレワークなど

・情報ネットワーク環境を活用したスマート農業を展開。

・農村におけるＩＣＴを活用した定住条件の強化に向けた取り組みにおいても活用。

●超スマート農業モデル地域（岩見沢北村遊水地）

現在、北海道の岩見沢市北村にある遊水地が、スマート農業のモデル地域としての利用を検討中です。

国土交通省北海道開発局が整備中の同地は、最先端のスマート農場のテストフィールドに適しています。遊水地面積は950haで、平常時は農耕地として利用されます。また住宅などはなく、閉鎖空間となっています。

岩見沢北村遊水地においては、遠隔監視を行う設備にデータサーバーと監視モニターを設置。周辺監視用カメラを4つ備えた自走農機との間で、位置や方位、動作情報、一時停止の指示などのやり取りを行うシステムの試験を行っています。このためのインフラとしては、電波環境としてローカル5GとBWA（広帯域移動無線アクセス）が整備され、周辺監視カメラの情報は公衆回線（公衆通信回線）で、その他の情報はインターネット網で送られています。ローカル5Gとは、おのおのの地域や産業に合わせて地域の自治体や企業がおのおの利用できる5Gのネットワークのことです。

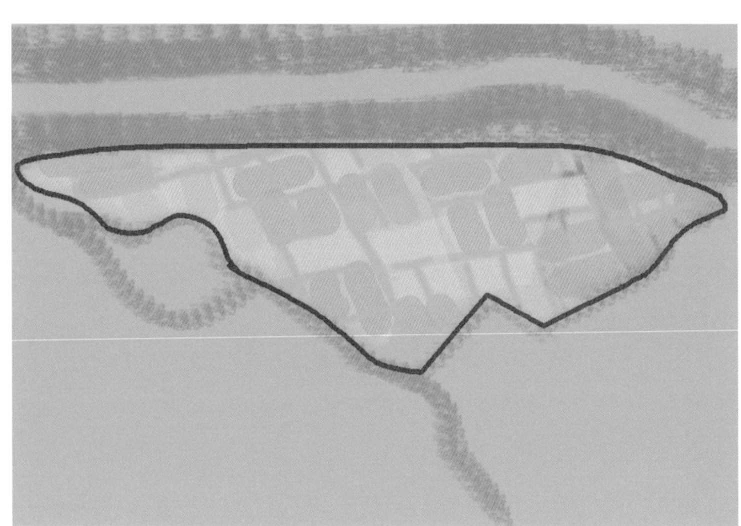

岩見沢北村湧水池のイメージ図。閉鎖空間となっている。

超スマート農業モデル地域の実証実験（岩見沢市北村遊水地）

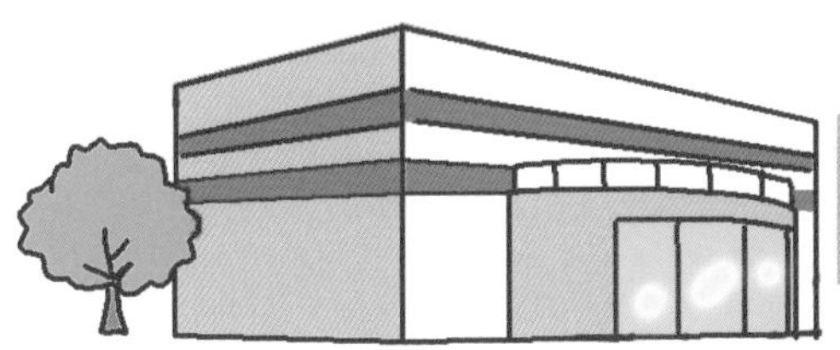

遠隔監視

周辺監視用カメラ ×4

公衆回線

データサーバー・監視モニター

位置・方位

動作情報

一時停止指示

インターネット網

掲載するカメラ

自動化レベル③に必要不可欠な農道3Dマップやローカル5G、BWAなど電波環境を整備し、実証実験を行う。

●スマートアグリシティ

スマート農業は農業そのものに対する施策ですが、もっと視野を広げて、スマート農業を基軸とすることで持続的な地域社会を作り出すことも可能と考えられています。こうした取り組みを「スマートアグリシティ」と呼んでいます。

スマートアグリシティでは、どのような社会となるのでしょうか。まず、今まで述べてきたようにドローンやロボットトラクタ、ロボット・コンバイン、マルチ・ロボット、自動水管理システムなどが作業や維持管理を行います。これらから送られてくる情報やデータ、これらへ向けて送る指示などは通信基地局などを介してやり取りされ、多圃場営農管理システムなどによってデータ処理されてディスプレイに表示されます。

多圃場営農管理システムは、農業データ連携基盤（WAGRI）を利用して得られた気象環境データや生育・収量・品質データなどや、AIによって分析された情報を得ることができます。

同時に、これによってデータも集まりますので、AIや農業データ連携基盤も強化・拡張されていくことになります。

また、流通基盤プラットフォームからは、流通・加工情報や輸出関連情報、販売・市況・消費情報もあり、農業データ連携基盤に加えてこれらも拡張されていきますので、こうした情報も多圃場営農管理システムで入手できます。

つまり、生産現場では、生産から加工、流通、販売、消費から海外への輸出状況までの情報を入手し、営農のために分析を行うことができるわけです。

さらに、地域の食品加工施設ともリンクさせることで、地域の食品加工状況も一括することが可能となります。これらのすべての連携は、最新のICTが支えることになります。

この全体像からもわかるように、スマートフードチェーンの考え方を導入することで、生産現場から食品加工までがスマート化され、流通や市況、消費情報に基づく経営を行うことができるようになり、それによって食を中心とした地域社会の形成・発展が期待できるわけです。その視野は国内のみならず海外まで含めるものであり、その意味では「地方から世界へ」広がることとなります。こうしたスマートアグリシティでは、スマート農業の推進と人材育成のための「スマート農業推進センター」も設置されなければなりません。

スマートアグリシティ

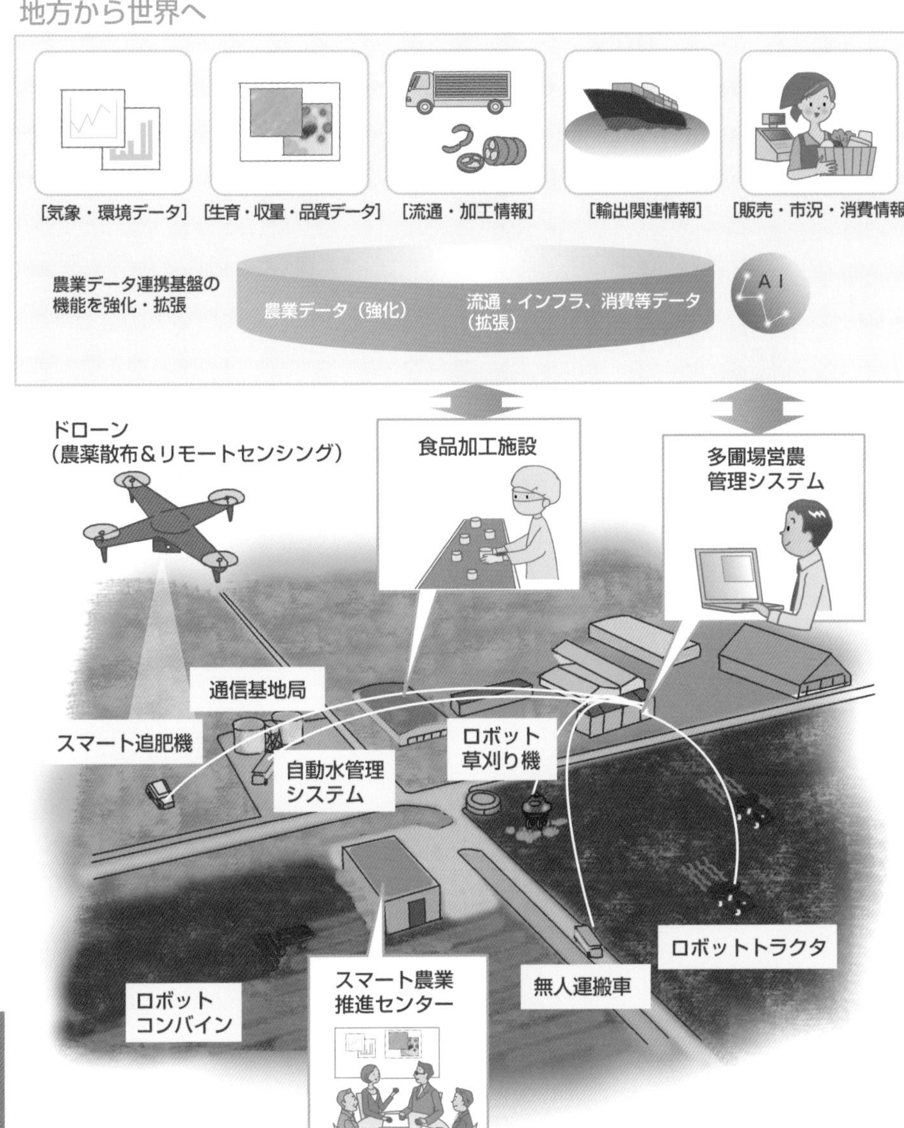

スマートアグリシティ（smart agricity）は、スマート農業を基軸とした持続的な地域社会である。

スマート農業普及に向けた人材育成

スマート農業には、それを稼働させる技術の開発だけでなく、スマート農業を理解し社会に普及させるための人材育成も重要となります。そのための育成プログラムとして以下のようなプログラムが考えられます。

●次世代向けと現役向けの育成プログラム

将来に向けての担い手となる若者に対する「次世代人材育成」として、農業高等学校や農業大学校でのスマート農業カリキュラムが必要です。また、スマート農業の普及を担う「地域の普及リーダーの育成」としては、普及センターやJA（農業協同組合）職員向けの研修プログラムも重要です。これはインターネットを利用した学習形態であるe・ラーニングで行われます。他の地域における成功事例の視察研修も行うとよいでしょう。

一方、現在農業を担っている現役の農業従事者には、意欲的な農家の方々によるスマート農業研究会の設置や、各研究会・自治体・JAが連携したe－ラーニングによる研修プログラム、そしてスマート農業実証プロジェクトによって成功した地域の事例の共有化が行われます。

各カリキュラムは通年で開講し、作物の種類別でも受けられます。これらのカリキュラムは、農機メーカーとICTベンダーの協力で、座学および実習という内容となります。

スマート農業普及に向けた人材育成

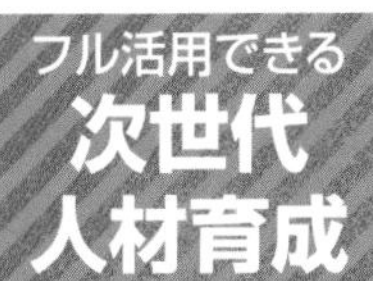

地域の普及
リーダー
育成

ユーザー
育成

若者

農業高等学校
スマート農業
カリキュラム

農業大学校
スマート農業
カリキュラム

普及を担う
人材

普及センター・
JA 職員向け
研修プログラム
e-ラーニング

他地域の
成功事例の
視察研修

担い手

意欲的な
農家による
スマート農業
研究会の設置

研究会・自治体・
JA が連携した
研修プログラム
e-ラーニング

地域の
成功事例を共有
スマート農業
実証プロジェクト

カリキュラムは
通年開講、作目別で構築。

農機メーカー、ICT ベンダー協力の下、座学と実習

スマート農業の普及には「次世代人材育成」「地域の普及リーダーの育成」「現役農業従事者向けの研究会・研修」が必要である。

スマート農業への新規参入技術の導入について

●規制が緩和された農業への新規参入

平成12（2000）年、農地法の改正によって、企業の農業への参入ができるようになりました。ただしこの時点では、農地は借りること（リース方式）だけが認められ、しかも農業者が利用しないような条件の悪い農地しか借りることができませんでした。このため新規参入は、農作物の安定的な調達が必要な食品関連業や、公共事業の減少により新たな活路を見出したい建設業などにほぼ限られていました。

農業への参入の規制緩和は段階的に進められ、平成21（2009）年の農地法改正によって、企業はリース方式であれば全国どこでも農地を借りられることになりました（ただし、役員のうち1人は農業に常時従事している必要があります）。また農地の所有についても、「法人形態が譲渡制限のある株式会社、農事組合法人、合名会社、合資会社、合同会社」「主たる事業が農業」「役員の過半が農業に常時従事」など一定の条件を満たせば、農地所有適格法人として認められるようになりました。

これにより、農業、とくにスマート農業にビジネスチャンスを見出したIT企業や運輸業、金融業、小売業、製造業、外資など様々な業種の企業が参入を試みています。

個人については、「一定の面積を経営」し、「周辺の農業に支障がない」など、農地を「効率的かつ適切」に利用すれば、「原則自由」に農地を取得して、農業に参入することができます。

●スマート農業の技術の導入

スマート農業の技術の発展で実装化が進められているのは、「スマート植物工場」「スマート農機」「農業クラウドサービス」です。このうち、「スマート植物工場」については一定規模の設備投資が必要ですが、「ロボット農機」「農業クラウドサービス」については個人でも導入が可能です。

スマート農機については、本書でも触れたように、

・自動化レベル①　GNSSオートステアリング
・自動化レベル②　目視監視・自動走行農機
・自動化レベル③　遠隔監視・圃場間移動可能なロボット農機

と段階的に開発が進められていて、自動レベル②では無人トラクタや無人田植え機のように、すでに商品化されたものもあります（現在は②～③の段階）。

また、スマート農機は大型のものから開発が進められてきましたが、日本に多い中山間の小規模な農地に見合う小型スマート農機についても開発が進められつつあります。

農業クラウドサービスについては、以前は大規模農業者向

けの高額なものが中心でしたが、規制緩和が進んだことで、この分野の情報を得意とするIT企業などが参入し、低額かつ簡単に利用できる農業クラウドサービスも登場しています。

農業クラウドサービスは農作物の生産から加工、流通、販売まで営農の広い分野を支援するものですが、小規模な農家であれば、農産物の生産に必要なサービスだけを受けるなど、コストを抑えることも可能でしょう。

●新規参入・技術導入のための情報収集について

このように小規模な企業や個人でも農業への参入やスマート農業の技術導入ができるようになってきましたが、その入り口はどこに求めればいいでしょうか。

各地で行われる農業セミナーなどのイベントではスマート農業に関する様々な情報が得られます。企業だけでなく農林水産省や各都道府県で催しているものもありますので、インターネットで検索するか、電話で問い合わせるなどして、情報収集に努めましょう。

●ドローン操縦について

農業用の無人航空機（ドローン）は、播種や農薬・肥料の散布、圃場センシングだけでなく、農産物の運搬や果樹への授粉など、様々な農作業への利用が期待されています。

ドローンの操縦自体は、免許・資格がなくても可能です。ただし、ドローンによる農薬散布は資格（農林水産航空協会指定の「産業用マルチローター教習施設」で受講）が必要で、かつ国土交通省に各種の必要事項を申請し、許可を得なければなりません。

農業セミナーなどのイベントではドローンを扱う企業などのブースが設けられており、そこでドローン技術の習得方法が紹介されているので、問い合わせてみるとよいでしょう。

ドローンによる農薬散布は資格が必要で、国土交通省に各種の必要事項を申請し、許可を得なければならない。また、近隣に空中散布の実施を事前周知させ、農薬散布の実績を都道府県協議会に「事業報告書」として提出しなければならない。

スマート農業に対する社会の理解

●テレビドラマやドキュメンタリーで注目

今、日本の農業で「スマート農業」を普及させようという大きな流れが出ています。

スマート農業は、一般社会でも取り上げられることが多くなりました。例えば、有名な池井戸潤氏の小説に『下町ロケット』がありますが、そのフォーマットを使ってテレビドラマ化された『下町ロケット　ヤタガラス』は、架空の準天頂衛星システム「ヤタガラス」（実際の準天頂衛星システムは「みちびき」）を利用したロボット農機による日本農業の活性化がテーマとなっています。この放送に先立ち、池井戸氏による小説も出版されました。

また、この放送に合わせて、北海道大学大学院農学研究院ビークルロボティクス研究室の協力の下、無人トラクタが広大な圃場に絵を描くというドキュメンタリー「北海道ドローン紀行」も放送されています。

このように、スマート農業は一般社会でも注目されるようになりました。

テレビのドキュメンタリー番組の撮影に協力。

農業に対する社会の理解

『下町ロケット ヤタガラス』

池井戸潤／著　小学館／刊

架空の準天頂衛星システム「ヤタガラス」を利用したロボット農機による日本農業の活性化がテーマ。

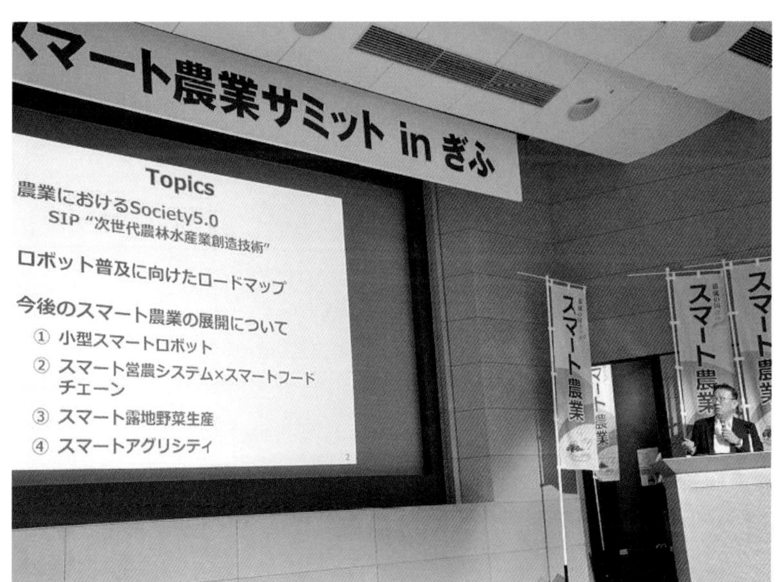

地方自治体主催の講演会。スマート農業技術の重要性を社会一般に理解してもらうことは極めて重要である。

スマート農業についての要約

スマート農業について、今まで述べてきましたが、それをまとめると以下のようになります。

就業者人口減少と高齢化が進む**日本農業において、スマート農業技術の導入は不可欠**

内閣府SIP**「次世代農林水産業創造技術」**では**「水田農業」**と**「施設園芸」**についてスマート農業技術の開発を行った

SIPでは農業版Society5.0を目指し、その核になる**農業データ連携基盤（WAGRI）を構築**した

2018年11月からサービスがスタートした**準天頂衛星システム**はロボット農機に有用

SIP第2期によって生産のスマート化から流通・消費の**スマート化（スマートフードチェーン）**へと拡充・発展する

スマート農業の波及効果は、**個人 ➡ 地域 ➡ 世界**である。また、スマート農業技術の重要性を社会一般に広く理解してもらうことは極めて重要

巻末

最新トピックス

TOPIC
01

農業データ連携基盤（WAGRI）について①

WAGRIはデータに基づいた農業を実践する上で非常に重要なプラットフォーム（土台、基盤）です。

なぜこのような基盤が必要かと言うと、現在すでに、ITベンダーや農機メーカーが農家に対して情報を提供して、データ駆動型農業を展開しているのですが、なかなか普及していない現実があるからです。

農業の場合、様々な営農に有用な情報を集めるのにコストがかかります。ユーザーが支払える価格のサービスとなると、そこで集められるデータと加工できるデータが制限されてしまういます。そうすると農家が欲しい、「使えるデータ」「儲かるためのデータ」を出すことが難しくなります。

その解消のためには、様々なデータを農業関係者で共有する・連携するという仕組みを作っていくことが必要になります。

WAGRIの１つめの機能は「連携機能」です。個々のベンダーやメーカーが持っている情報・データを連携していきます。そうすると、すべてのサービスが同じになってしまうのではないかと懸念するかもしれませんが、各社は自身の強みを生かしながらWAGRIのデータを利用してビジネスをすることになります。例えば、農機メーカーであれば個々の顧客に対し、機械を通してサービスを展開できますし、ITベンダーであれば「営農支援」という形でサービスを展開できるでしょう。GIS（地理情報システム）を扱っている会社であればGISを利用した新しい情報サービスが展開できます。

要するに、データを連携させることで、低コストに様々なデータを使いやすい形で利用することができます。これは民間企業だけでなく、公的機関も含まれます。公的機関がそういったデータをデータベースに載せることで、様々なデータを非常に安い価格で使いやすくなります。

TOPIC
02

農業データ連携基盤（WAGRI）について②

２つめの機能はデータの「共有機能」です。これは、ユーザー側がデータを共有する仕組みです。新しく就農した人がデータを利用する時に、周囲の農家の作業データを活用することができれば、速やかに技術を習得して「儲かる農業」を実践できるようになります。

と言うと理想論に聞こえるかもしれませんが、「どのようなビジネスモデルを目指していくのか」という問題です。例えば個々の農家がｅコマース、インターネットを使った直販で儲けるのではなく、地域全体がブランド化して儲かる農業を目指していく場合は、地域全体の作業技術の「底上げ」が必須です。その時に、データ共有が非常に重要になるわけです。

そうしないと、１つのブランドに品質のよいものと悪いものが混在することになります。よく「３定」「４定」といいますが、定時・定量・定品質に定価格、これを実現するためにはある程度大きなロットで市場に出す必要があり、地域内で品質のよいものを安定的に生産するために必要なデータは地域で共有されなければなりません。個々の農家が競い合うようなレベルのビジネスでは、個々が持つ技術・ノウハウを共有することは当然ありません。そうではなく、地域産業としての農業を考えた場合には「共有」という概念が重要になるわけです。

TOPIC
03

農業データ連携基盤（WAGRI）について③

３つめの機能がオープンデータ、データの「提供機能」で、様々なデータが使いやすい形で公開されています。例えば今の農林水産省が所得・公開しているデータを使いたい時に、それがどこにあるかなかなかわからないと言う人は多いと思いますが、WAGRIの上に陳列されていればすぐに使えるわけです。

WAGRIにも課題はあります。「連携」「共有」「提供」——これらは「協調」の領域ですが、難しいのが「競争」の領域です。皆がWAGRIを利用する中でも、経済活動ですから、当然「競争」が入ってきます。「協調」して「共有」する中で、「競争」が入ってきた時にうまく機能しなくなるのではないかが危惧されます。

もう１つ難しいのは、データがどういうふうにリニューアルされ続けていくのかということです。データは常に新しくする必要があります。その時に、データが自律的に集まってくる仕組みを考えなければなりません。データを使う人だけではなく、データを出す人も儲からなければならないのです。データを使う人は対価としてお金を払う必要があるのですが、データを出す人のメリット、インセンティブを含め、持続的に運営できるビジネスモデルを考えなければならないでしょう。その辺りがWAGRIの今後の課題だと思います。

TOPIC
04

5Gについて①

2020年からサービスが始まった5G。その農業利用は、まだ「これから」です。5Gを使うことによるメリットは3つあります。

1つめは、大容量のデータを伝送できること。

2つめは、通信遅延が少ないこと。

3つめは、接続する端末数を非常に多くできること。

まず、1つめの「大容量データを伝送できる」という点です。ロボット農機を無人化していく上で、ただ単純作業を自動化するだけでは不十分で、生育状況の把握、病害虫の検出などができることが望まれます。そのような機能を持たせるためには、画像データが必要になります。画像データは当然大容量です。

個々のロボット農機にAIを持たせるにはコストがかかり過ぎますし、現実的ではありません。すなわち、ロボットが取得した画像データをクラウドに上げて、クラウド側で数多くのデータを処理することになります。

ロボット農機が得た画像データをクラウドへ送る時に5Gを使います。その画像は、1秒間に30フレームの動画です。しかも、これを4K映像で送ります。私たちの目に見える赤（R）、緑（G）、青（B）の可視領域以外の波長の情報も農業には必要で、人間が気づかないような病気の予兆や害虫による食害の発見にも有効です。そうなるとデータ量はますます膨大になっていきますので、5Gが必要になります。

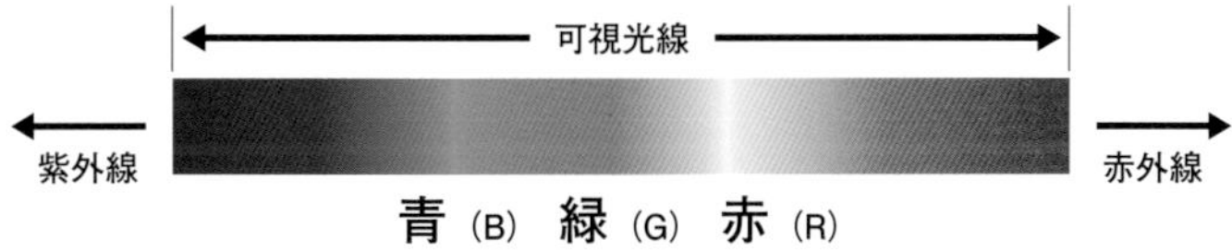

TOPIC
05

5Gについて②

２つめの「５Gには通信遅延が少ないこと」にはどんなメリットがあるでしょうか。

ロボット農機が遠隔監視の下で作業をする時に一番問題になるのは、農機と人との接触事故の防止です。もし遅延があった場合には、「障害物を検出してもすぐにロボットの走行を止められない」ために、「事故で人を轢いてしまい、異常接近を示す画像データが来た頃にはすでに手遅れ」ということが考えられます。

信号の遅延の短縮は安全性の確保と非常に密接につながっています。その点で、遅延が非常に短い5Gは遠隔監視下の安全確保に有効です。

３つめの「接続する端末数が増やせる」というのは、例えば遠隔監視で１つの農機だけを監視するのではなく、複数の農機を同時に動かすということです。

大げさな例としては（今の農家には必要ないことですが）、100～200台のロボット農機を同時に監視するという時に、5Gが有効になります。逆に言えば、5Gが登場したおかげで、「100～200台のロボット農機を同時に動かす」というような新しいビジネスモデルの生まれる可能性ができたということです。その新しいビジネスモデルの構築は、皆さんにお任せいたします。

TOPIC
06

新型コロナウイルス感染症の影響について

新型コロナウイルス感染症の影響は、食料においても大きなものがあります。まず、農業生産国が自国からの農産物の輸出制限をしています。日本は食料自給率がカロリーベースで37%しかないので、海外からの輸入がなくなると立ち行かなくなります。

食料の生産を持続的に発展させるためには――農業従事者を急に増やすわけにはいきませんから――データに基づいた農業を行うことによって、自国である程度賄えるようになるまで食料を増産していくことが求められます。

もう1つ、外国人の農業研修生の皆さんが日本に入国できなくなっていることも大きなダメージです。

従来、日本の農家は収穫などの作業に外国人の農業研修生の力を当てにしていたのですが、コロナ禍で彼らが入国できなくなったために、労働力が不足しています。

そのためもあって、新型コロナウイルス感染症以降の農業では、スマート農業を導入し、今まで以上にロボット農機を使って労働力不足を補っていくことを進めていかざるを得ないだろうという認識が広まりつつあります。

TOPIC 07

実証プロジェクトについて

農林水産省の2019年度に始まった実証プロジェクトは2021年3月に結果が出ます。日本全国69か所で実証をしていて、それぞれに達成目標を設定しています。

監修者が見ている北海道岩見沢市のプロジェクトでは「農家所得20％向上、米の生産コスト5割削減」を目標に定めており、それを達成できるかどうか、2020年現在、まさに検証中です。

それでは、具体的に、所得の向上をどのように達成しようと考えているのでしょうか。

岩見沢市のプロジェクトの場合、米が対象作物ですから、「品質を上げて付加価値を高め、販売価格を上げる」ことには限界があります。したがって、肥料などの資材使用量の削減や収量増による効果を期待しています。

ですが実際に大きいのは、ロボット農機などを入れることで作業時間が確保されることによる規模拡大です。今までは労働力の限界があって経営面積を増やすことができなかったのですが、ロボット農機などを入れることで、時間に「空き」ができます。その空いた時間を使って栽培面積を拡大することができるということです。

もう1つは、その空いた時間を使った、「手間はかかるが高く売れる野菜や花き」の生産です。このような複合的な経営で、所得を向上させていくことを目指しています。

ロボット農機は個々の農家で購入するのではなく、地域でシェアしてコストを減らすことも検討中です。ロボット農機は時間の制限なく使えるわけですから、リース、レンタルの可能性もあり、資材費、生産費を減らすことができる可能性があります。

TOPIC
08

海外でのスマート農業について

スマート農業は様々な国で導入されている、あるいは関心を持たれています。欧米はもちろんですが、中国・韓国や台湾でも行われていますし、タイやベトナムも関心を持っています。

国によって「データ駆動型」「自動化」など、スマート農業のどこに重点を置いているかは異なります。広大な土地で大規模に経営している農場と、日本の多くのケースのような中山間地の田畑とで営農の方針が異なるのは当然です。

アジア・オセアニアなど日本と条件が近い国では、日本の技術に期待を寄せています。実際に、日本はタイとスマート農業の分野で連携していますし、監修者のところにはタイ、ベトナム、インドから勉強に来ている大学院生がいます。

アメリカなどは麦、トウモロコシ、大豆、ビート（テンサイ、砂糖ダイコン）などを生産しています。これらは基本的に単価の安い農産物ですが、大規模に生産することで資材費などコストを抑えて、利益を上げています。

同じスマート農業といっても、日本などとは視点や方法が異なるのです。したがって、例えば欧米でうまくいっている技術をそのまま日本に導入してもうまくいかないでしょうし、日本国内でも、北海道で取り入れられている技術をそのまま他県の農地に持って行ってもうまくいきません。地域ごとに合う技術が必要なのです。

TOPIC
09

スマート農業の「教育プログラム」について

農林水産省は、農業大学校や一部の農業高校で、スマート農業について教えるカリキュラムを設けることを進めています。

今からスマート農業を導入してもらうためには現役の農家の方への「研修」も非常に重要ですし、次世代の農業を担う若者に学んでもらうことも重要です。

それと同様に、スマート農業を普及・推進するための人がそのスキルを身に付ける場所も必要です。

様々なレベル、様々な立場の人たちに対して、それぞれに適合した育成プログラムを行わなければなりません。

情報が少なく、知識やスキルを身に付けるための場所が少ない中では、スマート農業の導入・新規参入を考える人も少ないでしょう。今までにない技術だけに、普及のためには「教育」「研修」が必要不可欠になってきます。

これは今後の大きな課題です。

TOPIC
10

資　料

食料・農業・農村基本計画における食料自給率の目標

		平成30年度 （基準年度）	令和12年度 （目標年度）
法定目標	カロリーベース 総合食料自給率	37%	45%
	生産額ベース 総合食料自給率	66%	75%

（農林水産省）

カロリーベース（供給熱量ベース）総合食料自給率

基礎的な栄養価であるカロリー（エネルギー）に着目し、国民に供給されるカロリー（総供給熱量）に対する国内生産の割合を示す指標

●カロリーベース総合食料自給率（令和元年度）

$$= \frac{\text{1人1日当たり国産供給熱量（918kcal）}}{\text{1人1日当たり供給熱量（2,426kcal）}} = 38\%$$

※分子・分母の供給熱量は「日本食品標準成分表2015」に基づき算出

生産額ベース総合食料自給率

国民に供給される食料の生産額（食料の国内消費仕向額）に対する国内生産の割合を示す指標

●生産額ベース総合食料自給率（令和元年度）

$$= \frac{\text{食料の国内生産額（10.3兆円）}}{\text{食料の国内消費仕向額（15.8兆円）}} = 66\%$$

※分子・分母の金額は「生産農業所得統計」の農家庭先価格などに基づき算出

さ

た

さくいん

監修者プロフィール

野口 伸（のぐち のぼる）

専門：生物環境情報学、農業ロボット工学

〈学　歴〉

1985年　北海道大学農学部卒業
1987年　北海道大学大学院農学研究科修士課程修了
1990年　北海道大学大学院農学研究科博士課程修了

〈職　歴〉

- 北海道大学農学部　助　手、1990-1996
- 北海道大学大学院農学研究科　助教授、1997-2003
- 北海道大学大学院農学研究科　教　授、2004-現在
- 北海道大学大学院農学研究院　副研究院長・教授、2017-現在
- 日本学術会議　会　員、2005-2014
  連携会員、2015-現在
- 日本学術振興会学術システム研究センター研究員、2006-2008
- 内閣府 戦略的イノベーション創造プログラム（SIP）「次世代農林水産業創造技術」プログラムディレクター、2016-2019
- 内閣府 戦略的イノベーション創造プログラム（SIP）「スマートバイオ産業・農業基盤技術」プログラムディレクター代理、2018-現在

〈海外における学術活動〉

- イリノイ大学非常勤准教授、1998-2001
- イタリア　ボローニャクラブ　会員、2010-現在
- 中国農業大学　客員教授、2011-現在

〈学会活動〉

- 日本生物環境工学会　会　長、2011-2016
  理事長、2017-現在
- 日本農業工学会　副会長、2006-現在
- 農業情報学会　副会長、2007-現在

〈学術表彰〉

農業機械学会研究奨励賞（1994）、日本機械学会ロボティクス・メカトロニクス部門賞（1997）、農業機械学会学術賞（1998）、農業機械学会森技術賞（2000）、国際農業工学会（CIGR）技術貢献賞（2000）、Best-Paper Award from IET division of ASAE（2001）、農業情報学会奨励賞（2003）、農業情報学会学術賞（2006）、農業情報学会橋本賞（2006）、農業機械学会論文賞（2010）、日本生物環境工学会特別国際学術賞（2011）、北海道大学研究総長賞（2012）、Distinguished Visiting Fellowship Award（Royal Academy of Engineering, UK）（2012）、農業情報学会フェロー（2013）、宇宙開発利用大賞内閣府特命担当大臣（宇宙政策）賞（2013）、日本生物環境工学会フェロー（2013）、日本生物環境工学会論文賞（2014）、日本農業工学会賞（2015）、日本農業工学会フェロー（2015）、日本農学賞（2016）、読売農学賞（2016）、農業情報学会新農林社国際賞（2016）、北海道科学技術賞（2017）、北海道総合通信局長表彰（2017）、日本生物環境工学会特別研究功績賞（2017）

スタッフ

本文デザイン　岸博久（メルシング）
カバーデザイン　大澤雄一（knowm）
編集協力　和田士朗（knowm）
執筆協力　小林直樹
イラスト　小林裕美子
エビハラナオミ
プラスアルファ
校正・校閲　塩野祐樹

最新農業の基礎からドローン技術習得、
作業記録と生産管理、新規参入まで
図解でよくわかる スマート農業のきほん　NDC 610

2020年10月31日　発　行

監修者　野口 伸
発行者　小川雄一
発行所　株式会社 誠文堂新光社
〒113-0033　東京都文京区本郷 3-3-11
（編集）電話 03-5800-3625
（販売）電話 03-5800-5780
https://www.seibundo-shinkosha.net/

印刷所　広研印刷 株式会社
製本所　和光堂 株式会社

ISBN978-4-416-52097-0